ALCIDE DESSALINES D'ORBIGNY

(1802-1857)

ISBN : 2-7475-3559-2

Françoise Legré-Zaidline

Membre du Comité Français d'Histoire de la Géologie.

ALCIDE DESSALINES D'ORBIGNY

(1802-1857)

Préface de

Philippe TAQUET

L'Harmattan
5-7, rue de l'École-Polytechnique
75005 Paris
FRANCE

L'Harmattan Hongrie
Hargita u. 3
1026 Budapest
HONGRIE

L'Harmattan Italia
Via Bava, 37
10214 Torino
ITALIE

Ouvrages du même auteur

- *Voyage en Alcidie*, Ed. Boubée, Paris, 1977.
- *Portrait d'une Améthyste*, Ed. Cariscript, Paris, 1993.
- *Les Jours Diamants*, Ed. Lettres-Boubée, Paris, 1996.
- *Les Glaces de Sully*, Ed. Lettres-Boubée, Paris, 1998.
- *Je t'attends à Damas*, Ed. Maisonneuve et Larose, Paris, 2001.

Françoise Legré-Zaidline

- *membre de l'association Alcide d'Orbigny.*
- *membre du Comité Français d'Histoire de la Géologie.*
- *membre de la Société Française d'Archéologie.*
- *membre de la Société des Américanistes.*
- *membre des Amis de Noirmoutier.*

« La science prend place dans un contexte social, et est l'œuvre d'être humains immergés dans les contraintes de leur culture, et les affres des luttes politiques, les espoirs et les rêves liés à leur vécu psychologique et social ».

P. Gould S. J. *Le Livre de la Vie*, Seuil, I993.

« Ceux qui ne savent pas admirer par eux-mêmes se lassent bien vite d'admirer. Il y a au fond de presque tous les hommes je ne sais quel sentiment d'envie qui veille incessamment sur leur cœur pour y comprimer l'expression de la louange méritée ou y enchaîner l'élan du juste enthousiasme. L'homme le plus vulgaire n'accordera à l'ouvrage le plus supérieur qu'un éloge assez restreint pour qu'on ne puisse le croire incapable d'en faire autant ; il pensera presque louer un autre, c'est prescrire son propre droit à la louange, et ne consentira au génie de tel auteur qu'autant qu'il ne paraîtra pas abdiquer le sien...

...il est de mauvais ton d'applaudir ; l'admiration donne à la physionomie une expression ridicule, et un transport d'enthousiasme peut déranger le pli d'une cravate... »

Victor Hugo,
Extrait d'un article du 7 décembre 1822,
sur *les Méditations poétiques* de Lamartine.

Fig. 1 : Panneau mural inauguré le 6 septembre 2002, à Couëron, ville natale d'Alcide. (œuvre de M. Masselin)

Préface de M. Philippe Taquet.

Professeur de Paléontologie au Muséum National d'Histoire Naturelle, Membre Correspondant de l'Institut.

La célébration du bicentenaire de la naissance d'Alcide Dessalines d'Orbigny, permet à la France de rendre hommage à un des grands naturalistes du XIXe siècle. Alcide d'Orbigny fut en effet tout autant l'explorateur intrépide des territoires immenses de l'Amérique méridionale, que le découvreur perspicace de mondes disparus et pétrifiés dans les sédiments de l'écorce terrestre.

Alcide d'Orbigny, naturaliste voyageur du Muséum National d'Histoire Naturelle, eut l'occasion d'accomplir avec habileté et courage, de 1826 à 1834 une difficile mission d'exploration au Brésil, en Uruguay, en Argentine, au Chili, au Pérou et en Bolivie. Au cours de son périple de plus de sept années, il fut l'observateur passionné des flores, des faunes et des populations humaines ; son *Voyage en Amérique méridionale* constitue une somme qui témoigne non seulement de ses talents d'observateur, mais aussi de réelles qualités d'écrivain.

Mais Alcide d'Orbigny ne fut pas seulement un nomade, car dans la deuxième partie d'une vie bien remplie, il sut devenir sédentaire et accomplir une œuvre immense avec la publication de la description de milliers de fossiles de France. Il eut également le mérite d'être l'inventeur d'une discipline nouvelle, la micropaléontologie, en donnant pour la première fois les caractéristiques d'êtres unicellulaires microscopiques, entourés d'une coquille calcaire, que l'on nomme foraminifères, dont les représentants fossiles sont aujourd'hui des auxiliaires indispensables des spécialistes des Sciences de la Terre. Il construisit enfin les bases de la biostratigraphie et on lui doit un bon nombre des étages géologiques utilisés aujourd'hui par les géologues du monde entier.

D'Orbigny devint citoyen d'honneur de la Bolivie au terme de son périple en Amérique du sud et si son nom est célèbre dans les pays andins, si son œuvre scientifique est saluée comme il se doit par les stratigraphes, les géologues et les paléontologues, son nom reste cependant méconnu en France.

Au cours des dernières années, une partie des travaux d'Alcide d'Orbigny, celle qui a trait à la Paléontologie Française, a fait l'objet d'une réédition ; sur la suggestion d'Henri Tintant, paléontologue et amminotologue réputé, Jean-Claude Fischer, avec l'aide et la collaboration de nombreux paléontologues français et étrangers a entrepris de publier une édition en fac-similé de cette importante partie des travaux de d'Orbigny avec un réexamen des faunes par les meilleurs spécialistes.

Par ailleurs, la vie et l'œuvre de l'illustre naturaliste ont fait l'objet de la sollicitude d'une admiratrice passionnée, Madame Legré-Zaidline, habitante de Pierrefitte, qui voulut savoir en 1975 en quel honneur cette commune du Nord de Paris avait consacré une de ses rues à un certain Alcide d'Orbigny. S'engageant alors sur les traces de d'Orbigny, Madame Legré-Zaidline allait, dans un ouvrage très attachant, voyager *en Alcidie* et faire connaître au grand public les aventures, les joies et les déceptions de ce voyageur et ce savant. A l'issue de la publication de ce récit, Madame Legré-Zaidline, se lançait dans une nouvelle aventure, avec la réalisation d'une exposition temporaire, la première qui ait été consacrée à d'Orbigny.

En cette année où d'Orbigny reçoit de la France et de la Bolivie un hommage mérité, Françoise Legré-Zaidline qui avait poursuivi ses recherches biographiques, nous offre opportunément un nouvel ouvrage rassemblant de nombreuses et nouvelles données sur le voyage, sur la correspondance, sur la personnalité et sur la vie d'un homme dont les mérites font honneur à la science.

Introduction

« Les d'Orbigny », c'est une famille de l'Ouest atlantique qui émerge au début du dix-neuvième siècle, avec Charles-Marie (1770-1856) et deux de ses fils, Alcide (1802-1857) et Charles-Henri (1806-1876). Dans le même enthousiasme, ils ont travaillé pour défricher des champs inconnus des Sciences de la Nature et avec la même volonté désintéressée de faire connaître leurs découvertes.

Si Charles-Marie Dessalines d'Orbigny qui a sillonné les océans, quitte sa pratique médicale, c'est pour faire l'inventaire de la faune et de la flore de nos côtes atlantiques, bientôt correspondant du Muséum de Paris. En 1836, il est l'un des fondateurs du muséum de La Rochelle.

Dans une œuvre commune à l'origine, Alcide et son père trient les sables du monde pour débusquer de minuscules coquilles. Elles prendront le nom de *Foraminifères*, précieux indicateurs de faciès, de climat, de chronologie et, qui aurait pu y songer alors, de présence d'hydrocarbures.

Une première classification de ces coquillages microscopiques, présentée à l'Académie des Sciences, le 7 novembre 1825, par le jeune Alcide, détermine la docte assemblée à lui confier une mission d'exploration en Amérique du sud, juste libérée du joug espagnol.

Ce voyage, riche en aventures, en fatigues extrêmes, en découvertes, tant scientifiques qu'ethnographiques, se déroula de 1826 à 1833, essentiellement en Argentine et en Bolivie.

Malgré le succès de la publication du *Voyage en Amérique méridionale*, commencée dès le retour, le naturaliste se consacre à la paléontologie, science neuve, cherchant et déterminant les fossiles, *ces médailles de la terre*. La similitude de terrains et de fossiles des deux côtés de l'Atlantique l'entraîne dans une vision planétaire de la terre. Il va en écrire l'Histoire, établissant peu à peu, dans une œuvre monumentale, interrompue par sa mort prématurée, en 1857, une *échelle des Temps Géologiques.*

*« **Les d'Orbigny** »* forment une courte et brillante dynastie. Charles-Henri, veuf très tôt et sans enfants, fit publier un *Dictionnaire d'Histoire Naturelle*, en 13 volumes avec les meilleurs collaborateurs. Son action fut considérable au sein de la *Société Géologique de France*. Henri-Joseph (1845-1915), fils unique d'Alcide, membre éminent de la *Société d'Entomologie,* n'eut pas d'héritier.

Si Alcide d'Orbigny est le fleuron le plus brillant et le plus reconnu par le monde savant, cet ouvrage écrit parallèlement aux colloques qui marquent la célébration nationale du bicentenaire de sa naissance, est aussi l'opportunité de rendre hommage à toute la parenté.

I - L'enfance d'un savant

I - 1 - Un chirurgien de la Marine à l'âme naturaliste

Déclaré le 2 janvier 1770 à Saint-Malo, après une naissance qui eut peut-être lieu en mer, Charles-Marie d'Orbigny s'était engagé dans la marine comme aide-chirurgien, dès l'âge de quinze ans. On ne possède pas de documents sur sa famille, liée ou non à Saint-Domingue ni sur les circonstances de son éducation. Quittant Brest, le 14 novembre 1785 sur la frégate *l'Ariel* qui fit relâche à Saint-Domingue, il s'embarqua sur le vaisseau *Le Réfléchi,* vaisseau de 64 canons, rentré à Brest le 30 octobre 1787.

Après deux années de voyage qui lui firent traverser les océans plusieurs fois et des escales aux Canaries, il est attaché aux hôpitaux de Brest et Lorient. Le 7 juillet 1789, il s'embarqua comme officier de santé sur la frégate *La Cybèle*, il semble qu'il reste en campagne dans l'Océan Indien en 1790 et 1791, loin des évènements majeurs qui vont changer le destin de la métropole. Voici les temps où la France Révolutionnaire va rêver d'exporter les idées neuves de fraternité, d'égalité et de justice à tous les peuples de la terre. Outre-Rhin, Goethe est enthousiaste et Beethoven écrit les premières pages de *la Symphonie Héroïque.* Héroïques sont tous les soldats affrontés aux troupes ennemies tôt levées pour défendre les monarchies menacées. Le médecin Charles-Marie d'Orbigny est alors inspecteur des prisonniers français dans les camps et hôpitaux sur les terres d'Albion.

Pour affaiblir l'Angleterre, le Directoire décide, à la fin de 1796, d'une première expédition sur les côtes occidentales de l'Irlande, apportant ainsi un soutien aux opposants catholiques. Charles-Marie y participe comme *médecin de première classe.* Une tempête d'une rare violence contribue à l'échec de cette tentative. Appuyé par Talleyrand, Bonaparte propose alors l'expédition d'Egypte qui est une autre histoire dans laquelle les sciences naturelles et l'Egyptologie seront les vraies gagnantes.

Après 1798, la vie de Charles-Marie prend une autre direction : médecin dans la vie civile, il est d'abord attaché à l'hôpital général de Paimboeuf[1], créé en 1685 par arrêté de Louis XIV dans cet avant-port de Nantes. Tout en exerçant, le docteur va laisser se développer sa passion pour les Sciences de la Nature, une observation de la faune et de la flore marines, étude qu'il poursuivra jusqu'à sa mort.

I - 2 - Une famille au bord de la Loire

En 1799, Charles-Marie épouse Marie-Anne Pipat[2] dont le père appartient à une dynastie d'apothicaires bien installés de Paimboeuf, sur l'estuaire de la Loire.

Après un court séjour à Vue, en pays de Retz, où naît Estelle[3], le *huitième jour de frimaire an IX de la République Française* (29 novembre 1800), le docteur s'installe à Couëron, toujours sur l'estuaire, à deux heures de calèche de Nantes[4].

Couëron est sur la rive marécageuse, en face de l'éperon rocheux sur lequel s'était bâti Le Pellerin, en amont de Paimboeuf. Charles-Marie y exercera la médecine jusqu'en 1815. Citoyen responsable, il est membre du Conseil municipal et c'est encore lui qui se porte garant pour la location des chaises de l'église. La famille s'agrandit, Estelle aura quelques frères. Alcide naît le *dix-neuvième jour de fructidor an X de la République* (6 septembre 1802), Gaston-Edouard, le *quinzième jour de thermidor an I de l'Empire*

---

1. Mathot Véronique. *Hôpital Général de Paimboeuf*, Edition du Centre Hospitalier de Paimboeuf. 1997.
2. En 1794, il avait contracté un premier mariage avec Marie Moreau, fille du maire de Vue, qui mourut très rapidement. Il semble que les familles Moreau et Pipat étaient liées. C'est sur la promesse de ce premier mariage que Charles-Marie signe, non pas : *D'Orbigny* mais *Dessalines d'Orbigny*, c'est une simple constatation.
3. Le parrain d'Estelle est Melchior ,frère de Charles-Marie , son cadet d'une dizaine d'années. Enrôlé comme aide-chirurgien sur les navires, il périt en mer en 1802
4. En juin 1822, un bâtiment à vapeur *La Loire* reliera Nantes à Paimboeuf, remplaçant le coche d'eau.

français (3 août 1805), les dates laissent deviner le passage de l'Histoire.

La famille est toujours au bord de la Loire lorsque naît Charles-Henry, en 1806, Salvador en 1808 et Théophile en 1813[5].

Très attentif aux ouvrages scientifiques de ses contemporains, le docteur possédait des livres de Lamarck[6] : la *Flore Française* de 1778, la *Philosophie zoologique* de 1809, les *Recherches sur l'organisation des Vivants* de 1815 et son *Histoire naturelle des animaux sans vertèbres* publiée de 1815 à 1822.

A Couëron, les d'Orbigny demeurent non loin des Audubon, le capitaine, planteur à Saint-Domingue, a une riche demeure à Nantes et une gentilhommière à Couëron, *La Gerbetière.* Madame Audubon, sans enfants, a accueilli avec générosité Jean-Jacques et Rose que le maître a eu là-bas, aux îles.

Jean-Jacques, élevé d'abord librement, courant à sa guise dans les champs de canne à sucre, ne se soumet pas facilement à l'Ecole de Rochefort ni à d'autres contraintes. Charles-Marie, sans cesse en courses d'observations, l'entraîne dans les marais qui bordent l'estuaire et même, traversant la Loire sur un bac, jusqu'au lac de Grandlieu, dans le pays de Retz. Là, il faut se tapir, savoir attendre longtemps pour discerner le héron, immobile sur une seule patte, droit dans la roselière ou la blanche aigrette garzette. Il faut apprendre à reconnaître les claquements de bec de la spatule à la saison des pariades ou les trilles du courlis cendré. Seule une observation aiguë permet le croquis puis le dessin exact et précis. Là naît la vocation de Jean-Jacques Audubon dont la vie, dès 1806, se déroulera en Amérique du Nord à dessiner un magnifique inventaire coloré des oiseaux du Nouveau Monde : les flamants roses, les perruches de Virginie ou l'aigrette neigeuse[7].Jean-jacques a eu juste le temps d'être le parrain de Gaston-Edouard mais il n'oubliera jamais ses premières leçons avec Charles-Marie.

---

5. En 1804, naquit Melchior qui ne dépassa pas un an.
6. Jean-Baptiste de Monet, Chevalier de Lamark (Barentin 1744-Paris 1829), père d'une théorie du *Transformisme* qui l'opposa au *fixisme* de Georges Cuvier.
7. Chebel Claude, *L'Epervier d'Amérique*. Fayard, 1989.

Les années passent, années terribles des conquêtes napoléoniennes, ce sont ses fils que le docteur initie maintenant à l'observation de la nature, en particulier Alcide qui se révèle doué en dessin.

Les d'Orbigny demeurent toujours à Couëron mais Charles-Marie exerce aussi dans l'île de Noirmoutier. En 1811, il est l'âme d'un groupe amical et studieux de passionnés de sciences naturelles : Lubin Impost, les frères Richer, le notaire François Piet ; ils forment *L'Académie Ambulante*[8].

Fig. 2 : Portrait de Charles-Marie d'Orbigny (vers 1840).

Riches des livres de Linné et de Lamarck, ils ramassent les coquillages, cherchent les vers marins, les algues, fucus et goémons, n'hésitant pas à plonger profondément dans la mer, selon les marées, pour arracher une espèce nouvelle. François Piet appartient à la *Société Académique de Loire inférieure*, fondée à Nantes par les

8. Legré-Zaidline Françoise. Revue *Les Amis de Noirmoutier*, été 1999.

pharmaciens Hectot et Dubuisson, société qui fut le noyau du muséum de Nantes.

Les signatures des Audubon, d'Orbigny, Piet ou Richer sont soulignées des trois points formant le triangle maçonnique dans une fraternité largement ouverte sur la modernité[9].

La plus ancienne lettre que l'on connaisse de Charles-Marie est adressée à son fils Alcide, depuis l'abbaye de La Blanche, dans l'île de Noirmoutier. Dans ces bâtiments, les amis tentent de fabriquer un savon avec de la soude artificielle, deux produits devenus rares depuis la guerre avec l'Espagne.

La Blanche, 24 mars 1813.

« Mon cher Alcide,...Je verrai ton lézard... Je t'embrasserai j'espère dans une dizaine de jours au plus tard et saurai de ta maman si tu as été bien sage. A présent tu portes un habit comme un homme tu dois en prendre l'air posé et commencer à réfléchir que sans l'étude on ne parvient à rien, elle nous procure tous les agréments de la vie, et la faculté inappréciable de juger tout ce qui nous entoure à sa juste valeur, de reconnaître un Sot sous un habit superbe, et de tendre la main avec bien du plaisir à l'homme instruit et honnête défiguré par la livrée de l'indigence. Sois toujours bon avec tout le monde ; laisse-là une bonne partie de ton étourderie qui était passable lorsque tu n'étais qu'un enfant mais qui commence à ne plus être de saison... Aime bien toute ta famille et je t'aimerai toujours autant que je t'aime. Charles d'Orbigny.»

Le petit Alcide n'a pas encore onze ans lorsqu'il reçoit cette petite leçon de morale. Quel enfant du troisième millénaire recevrait un tel discours ?

On ne possède qu'un petit nombre de lettres du docteur en un temps où l'on écrivait beaucoup. Toutefois, celle ci n'est pas dans les archives mais a été conservée par Alcide puis par Henri-Joseph

9. Après 1815, Charles-Marie d'Orbigny n'utilisera plus ces signes d'appartenance maçonnique.

(1847-1915), son fils unique. Elle fut montrée par sa veuve, Marie-Thérèse d'Orbigny, née Bedel, à M. Héron-Allen en 1917[10].

Lettre exemplaire, lettre relique. Où est-elle aujourd'hui ?

C'est de cette époque noirmoutrine, semble-t-il, que date l'intérêt des professeurs du Muséum de Paris, Cuvier, Latreille[11], Alexandre Brongniart ou le chef jardinier André Thouin pour Charles-Marie. Tous appartiennent à la *Société Philomatique* dont la devise est *Etude et Amitié*[12].

En 1816, la famille du médecin d'Orbigny quitte Couëron et s'installe à Esnandes, au bord de la mer, au nord de La Rochelle. L'église, fortifiée au temps des guerres de religion, construite sur un affleurement calcaire, se détache de son environnement de landes et de marais. Avec ses créneaux, elle est le sujet du premier dessin que l'on connaisse du jeune Alcide, réalisé à l'encre sépia, le 15 août 1819 et dédié à sa mère, Madame d'Orbigny.

L'Académie des Belles Lettres, Sciences et Arts de La Rochelle a été fondée en 1732 et compta, parmi ses membres, le physicien Réaumur, le magistrat Dupaty, l'avocat Clément Lafaille. Le temps des troubles et des guerres passé, l'Académie renaît, on y fréquente le docteur Gougeaud dit Bonpland et Fleuriau de Bellevue. Esprit généreux, il use de sa notoriété pour faciliter les recherches scientifiques de Charles-Marie et de ses fils.

---

10. Héron-Allen, Alcide d'Orbigny, his life and his work. *Journal of Royal Microscopical Society,* Londres, 1917, p. 1-105.

11 Latreille (Brive 1762-Paris 1833) Ecclésiastique, incarcéré en 1793. Libéré, il fut attaché au Muséum, collabora au *Règne animal* de Cuvier pour les insectes et les crustacés. Membre de l'Institut en 1814. Charles-Marie lui écrivit de Noirmoutiers le 1er octobre 1815 décrivant l'île et lui envoyant quelques échantillons de ses *productions naturelles.*

12. Société fondée en 1788 par des « Intellectuels généreux et fraternels... » Ils n'ont ni rituel, ni ornement, ni temple. Elle se veut comme une seconde Académie des Sciences. De cette société essaimeront les sociétés de Sciences Naturelles, en 1822, de Géologie en 1830, d'Entomologie en 1832.

- **Lettre de Charles-Marie[13] à Alex. Brongniart[14]**

- ***Esnandes, 15 août 1819,***

« Monsieur, ...

Monsieur Fleuriau de Bellevue m'a dit que votre fils désirait augmenter son herbier dans la famille des algues marines et qu'il vous serait agréable que je puisse lui envoyer celles de nos côtes. Je me trouve malheureusement très dégarni de doubles en ce moment par plusieurs envois que j'ai faits successivement.

J'ai réuni tous ceux dont je puis disposer, j'en ai encore trouvé quelques-uns dans les herbiers de mes enfants, et du tout j'ai formé un paquet renfermé dans des caisses que j'expédie pour le Muséum, il est étiqueté...

Je suis particulièrement flatté, Monsieur, de me trouver aujourd'hui à même d'être de quelque utilité à celui dont les savants ouvrages m'ont guidé dans l'étude de la Minéralogie et de la Géologie et de lui en témoigner ma reconnaissance... J'ai l'honneur d'être avec mon profond respect. Votre très humble et dévoué Serviteur.

Charles d'Orbigny de diverses académies. »

Si j'ai retenu cette lettre parmi d'autres, c'est qu'elle découvre la passion du docteur et son admiration pour les professeurs du Muséum. On peut faire la part des formules convenues de salutation et de politesse. Brongniart, très organisé a d'ailleurs écrit dans la marge qu'il avait répondu et remercié le 6 septembre. Il me plaît d'imaginer le docteur, si occupé par ailleurs, soignant sa pratique et faisant œuvre de naturaliste, aidant ses enfants à préparer les herbiers. Il ne s'agit pas de primevères ou de

---

13. Bibliothèque centrale du MNHN Ms 1967. N° 670
14. Alexandre Brongniart (1770-1847), fils du célèbre architecte de la Bourse « le Palais Brongniart ». Ingénieur de l'Ecole des Mines, il est professeur au Muséum et directeur de la Manufacture de Sèvres. Son fils, Adolphe(1801-1876) est à l'origine de l'étude des végétaux fossiles.

bleuets mais d'algues, infiniment plus difficiles à étaler, humidifier, sécher... Le muséum de la Rochelle possède quelques-uns de ces herbiers, patte du docteur ou œuvre aussi des enfants, ils sont de la famille d'Orbigny et ils sont magnifiques. Dans la maison, règnent les Sciences de la Nature, goût de savoir, de nommer, de classer, de comprendre, de s'émerveiller.

Quinze août 1819, c'est aussi la date du dessin. Pendant que Charles-Marie écrivait au professeur Brongniart, Alcide assis dans la lande dessinait l'église fortifiée, c'était un jour de fête, de bonheur. Charles-Marie n'hésitait pas à plonger loin à marée basse pour déterminer l'étagement des différentes algues dans la zone de balancement des marées. Sa santé s'en ressentit, il dut se reposer et s'appuyer encore davantage sur ses fils.

Fig. 3 : Eglise d'Esnandes, dessin d'Alcide d'Orbigny.

Charles Marie écrit[15] au jeune Adolphe Brongniart :

Esnandes, 10 décembre 1820 :

« Monsieur, ...La maladie dont j'étais alors atteint s'est prolongée et j'en suis à peine convalescent ; c'est vous dire qu'il m'a été impossible de faire des courses au bord de la mer mais mon fils aîné a recueilli plusieurs *fucus et ulves que je ne connaissais pas encore sur nos côtes. Je vous en réserve des doubles que je placerai dans le premier envoi que je ferai à Paris... Vous avez bien voulu me faire espérer que vous enrichiriez ma collection de quelques fossiles et sables coquilliers des environs de Paris....Pardonnez si je renouvelle ma demande mais à mon âge on est pressé de jouir et c'est une vraie jouissance pour moi d'étudier une nouvelle espèce ...je me recommanderai à vous pour en obtenir de même que les Sables coquilliers connus sous le nom de Sables de Rimini. Veuillez agréer... »*

Dans une autre lettre écrite encore du village d'Esnandes, le **20 mars 1821** (BMNHN, Ms 370, lettre 313) **par Charles-Marie au jeune Adolphe Brongniart**, on peut retenir :

... Je compte cette année rattraper le temps perdu par plus de deux ans de ma vie et reprendre mes courses accoutumées. Vous pouvez compter sur moi pour un dédoublement de tout ce que je pourrais recueillir en plantes marines... que je vous expédierai par M. Fleuriau de Bellevue.

... Il ajoute en P. S. *: S'il vous est possible de me procurer quelques sables coquilliers des environs de Paris et surtout de Courtagnon, vous m'obligeriez, les coquilles microscopiques qu'on y trouve m'intéressent infiniment.*

Cette ardeur qui va se développer pour collectionner et nommer ce que contiennent ces fameux *« sables coquilliers »* me fait penser au texte de La Bruyère sur les amateurs de tulipes. Le docteur d'Orbigny veut se consacrer totalement à l'inventaire des plantes et animaux marins. Beaucoup ne sont pas identifiés, nommés, leur mode de vie, de reproduction non élucidés. Une tâche exaltante. Pour qu'il puisse s'y consacrer, il faut qu'il soit correspondant du Muséum, une modeste indemnité est

15. Bibli. cent. MNHN., Ms 1970, n° 312.

indispensable pour élever la famille. Accompagné de ses fils , il veut parcourir les côtes atlantiques.

Lettre[16] de Charles-Marie d'Orbigny au Muséum d'Histoire Naturelle de Paris (probablement à Cuvier*)*.
Esnandes, 20 mars 1821 (également*)*.

« Monsieur, Messieurs de Bellevue et de Férussac viennent de m'instruire de vos bonnes dispositions à mon égard, et de l'assentiment que vous avez bien voulu donner à quelque arrangement qui tendent à rendre mon sort plus heureux, veuillez recevoir ici les expressions de ma vive et respectueuse reconnaissance.

Passionné dès l'enfance pour l'étude des sciences physiques et particulièrement pour celle de l'histoire naturelle, j'ai tout sacrifié, ambition, fortune, santé même, pour m'y livrer exclusivement.

...Mon projet était de parcourir les côtes de l'océan depuis Anvers jusqu'à Bayonne, et de reprendre ensuite celles de la Méditerranée depuis Collioure jusqu'à Nice.....J'envoie à M. Fleuriau quelques-uns de nombreux dessins destinés aux ouvrages dont j'ai eu l'honneur de vous entretenir avec prière de vous les communiquer ; comme j'aurais craint d'abuser de vos moments, je me suis borné à quelques centaines de planches, choisies dans chacune des divisions zoologiques la plupart sont faites par mon fils aîné, jeune homme de dix-neuf ans qui comme moi a le malheur d'être atteint d'un grand amour pour l'étude, passion née avec lui et qui ne fait que s'accroître à mesure que ses facultés se développent et que la raison vient la régulariser :il est assez d'aplomb sur les diverses méthodes, pour bien juger et déterminer ce qu'il passera en revue, l'anatomie comparée commence à lui être assez familière, et je crois qu'avec un peu d'encouragement il deviendrait un sujet précieux pour votre établissement.

S'il est possible que l'administration voulut me l'adjoindre je me chargerais alors volontiers de toutes les côtes maritimes de la France ; nous voyagerions ensemble, il se servirait encore quelques temps de mes conseils, et jusqu'à ce qu'on le jugeât convenable de l'employer ailleurs, il dessinerait tout ce que nous

---

16. Arch . nat. : AJ/15/1558.

rencontrerions d'intéressant, et me remplacerait avantageusement en cela, car ma main tremblante depuis ma maladie ne me laisse pas la faculté de dessiner correctement surtout en couleurs : il pourrait joindre aux dessins qu'il ferait pendant notre tournée, une copie au net de tous ceux que je possède déjà, et former ainsi pour le Muséum une collection d'objets coloriés qui ne serait pas sans intérêt :

J'ai l'honneur d'être avec le plus profond respect votre très humble et très obéissant serviteur.

Charles d'Orbigny. »

Parallèlement, M. Fleuriau de Bellevue, correspondant de l'Académie des Sciences et député de la Charente–Inférieure, avait envoyé à Messieurs les administrateurs du Muséum au Jardin du Roi, une lettre[17] lue à la séance du 17 avril 1821 où il appuyait la demande du docteur, soulignant ses travaux déjà connus et écrivant notamment :

« ...Riche de connaissances et toujours plein d'ardeur pour les progrès des sciences, il est de plus aidé puissamment par son fils aîné qui dessine chaque objet avec beaucoup de vérité ; ainsi que vous pouvez le reconnaître dans les dessins du mémoire que M. d'Orbigny a fait sur divers fossiles, que j'ai eu l'honneur de vous envoyer l'été dernier… »

I - 3 - Installation à La Rochelle

En juillet 1821, revenant à Esnandes, après une excursion sur les côtes maritimes des départements de la Gironde, des Landes et des Basses-Pyrénées, Charles-Marie a la joie de trouver les lettres lui accordant la fonction de voyageur-naturaliste pour les côtes de France et de correspondant du Muséum. Depuis 1817, le conseil municipal de La Rochelle, sur les instances du gouvernement, souhaitait mettre à la disposition du public, les collections de curiosités, livres, tableaux confisqués par la Révolution. La ville avait fait appel à l'Académie des Belles Lettres, Sciences et Arts. Divers lieux avaient été envisagés, en particulier les bâtiments des Capucins, ordre introduit après le siège fameux de I628 mené par Richelieu. Charles-Marie était

17. Arch. Nat. : AJ/17/1558.

membre correspondant de l'Académie, ses compétences s'imposaient pour mettre de l'ordre dans les collections de sciences naturelles. S'il en avait commencé l'inventaire dès 1820, il en reçut la commission expresse en janvier 1821. Il répond aussitôt au Maire de la ville, acceptant avec empressement. Toutefois, il demeure encore à Esnandes dans cet environnement marécageux où vient de mourir le petit Théophile, son dernier fils. Il doit mettre en garde : « *je ne dois pas vous dissimuler que le travail sera long et qu'il ne me sera pas possible de beaucoup l'avancer avant la belle saison: les mauvais temps et mauvais chemins ne me permettront pas de faire de fréquents voyages à La Rochelle ,étant obligé de les faire à pied; il est nécessaire que j'y couche plusieurs nuits de suite et il me deviendrai trop dispendieux de mettre mon cheval à l'auberge pendant ce temps*[18]. ».

Au cours de l'été, les d'Orbigny vont quitter Esnandes pour la Rochelle[19]. Ils sont d'abord installés dans une aile du couvent des Capucins, puis vers 1823-1824, dans une maison confortable rue des Prêtres. C'est aujourd'hui la rue Alcide d'Orbigny qui longe le Jardin Botanique[20] La nomination du docteur, comme « *Vérificateur des poids et mesures* », en mai 1823 avec une rétribution qui s'ajoutait à l'indemnité de correspondant du Museum mettait la famille à l'aise Le jeune Alcide est alors joyeux Rochelais. Comment ne pas rêver de voyage au long cours devant le port, entre la Tour Saint-Nicolas et la Tour de la Chaîne ?

Plus loin, la Tour de la Lanterne vient de servir de prison aux quatre sergents républicains engagés dans une malencontreuse conspiration. Ils furent exécutés à Paris, en place de Grève, le 21 septembre 1822. Ils avaient de belles fiancées rochelaises. La Tour prendra le nom des Quatre sergents de la Rochelle.

---

18. Archives municipales de la Rochelle 285.
19. le dimanche 8 février 1859, une plaque commémorative en l'honneur de Charles-Marie a été posée sur le presbytère, en présence de quelques descendants dont Madame Capelle et le vicomte de la Gonthrie.
20. Les Capucins ont été démolis, remplacés par un séminaire qui est devenu le lycée Jean Dautet.

Les échanges initiés dès Noirmoutier, avec les professeurs du Museum comme Victor Audoin, spécialisé en ornithologie, André Thouin, chef du Jardin du Roi ou les Brongniart sont permanents. Lettres et découvertes expédiées à Paris.

La Bibliothèque du Muséum de Paris possède une de ces fiches de roulage :

MAISON DE ROULAGE
A LA ROCHELLE

Mazuelle, commissionnaire, se charge d'expédier les marchandises venant de l'Intérieur et de l'Etranger, reçoit également en transit les Marchandises qui n'ont pas d'adresse en ville :

***CHARGE 1er avril 1823** par M. D'Orbigny*
CONDUITE : M. ROUSSELET
A raison de 3 F le port
NOMBRE 75 colis
PEUT ETRE RENDU EN 18 jours
A l'adresse de M. BRONGNIART
Ingénieur en chef des Mines
Rue St Dominique n°. 71 Paris
Caisse d'objets d'histoire naturelle
Signé Mazuelle et Couzineau

Note la voiture est obligée de prévenir avant d'entrer dans Paris sous peine de dépens et dommages afin qu'on assiste à l'ouverture de la Caisse aux barrières de Paris.

Fig. 4 : La Rochelle vers 1832 d'après une gravure.

Si la collecte et la préparation des algues, poissons, coquillages ne demandait qu'adresse et minutie, il en allait tout autrement pour les cétacés, ainsi les dauphins dont la systématique commençait. Le dépeçage monstrueux ne pouvait se faire que dans l'immédiat d'un échouage sinon c'était tout un processus d'enfouissement, de surveillance et d'un dégagement des pièces osseuses de nombreux mois plus tard[21]. Rude apprentissage pour le jeune Alcide. L'expérience ne lui manquera pas lorsqu'il sera sur les côtes de Patagonie et franchira le cap Horn.

I - 4 - Des correspondants multiples

En plus de cette activité débordante, Charles-Marie entretient toute une correspondance dont il ne nous reste que des vestiges, courrier des collectionneurs et de ceux qui enrichissaient leur *cabinet de curiosités.* On se souvient que la mode en avait gagné tous les milieux dès le milieu du XVIIIe siècle. Le marchand d'art, Gersaint pour qui Watteau avait peint, en 1720 la fameuse enseigne aujourd'hui conservée au château de Charlottenbourg à Berlin, avait rapidement trouvé plus lucratif de faire commerce de coquilles et autres *naturalia*[22]. Des guides indiquaient les demeures où l'on pouvait, sur autorisation, visiter les merveilles.

« Si la nacre de mes Nautiles
M'amène des admirateurs
Un plus grand nombre d'amateurs
Se rend chez moi pour mes fossiles »

Si tant est qu'en France, tout se prête aux chansons.

Du dossier Ms 654 de la Médiathèque de la Rochelle, on peut choisir quelques extraits des lettres de ces collectionneurs. Le docteur Allard, de Montbrison, écrit, en 1819, *« J'ambitionne d'enrichir mon cabinet...je ne répugne point à un commerce d'échanges...j'ai à votre disposition plusieurs substances assez précieuses, produits de notre département, des blocs de quartz cristallisé, enfumé ou limpide, des échantillons de silex*

---

21. Voir la recherche de MM. Raymond Duguy, Gilles Béraud et Daniel Robineau dans le *Bulletin de la Société de Sciences Naturelles de Charente maritime* de mars 2001 et le court métrage *« La Nature sur le Vif »* de Gilles Béraud réalisé par Anne Butcher Lilith Production, 52, rue de Douai. Paris.
22. Voir *Les Cabinets d'Histoire Naturelle* d'Yves Laïssus, 1986.

calcédoiné... ». Le comte de **Tassac**, botaniste, auteur d'une flore de Saint-Domingue remercie Charles-Marie, en 1820 de l'envoi de son ouvrage sur les plantes marines, la même année, M. Millet d'Angers écrit longuement : « *..cette façon d'envisager les plantes marines par les zones qu'elles occupent dans l'océan est aussi ingénieuse que satisfaisante,...* »

Alors que le docteur était encore à Esnandes, c'est une lettre de M. Savigny de l'Institut d'Egypte qui lui envoie un exemplaire du travail sur les Annélides qui fera partie de l'immense publication sur l'expédition d'Egypte : « *cet ouvrage, Monsieur, est en effet moins en moins le mien que le vôtre par le grand nombre d'espèces dont la découverte vous est due...*[23] »

En 1824, « *Monsieur et ami, je prends la liberté de vous rappeler aujourd'hui la promesse que vous me fîtes quand vous eûtes la complaisance de travailler au classement des crustacés de mon cabinet*[24]*, c'était de m'envoyer.....quand vous me ferez le plaisir de venir me visiter vous trouverez quelque changement dans notre Muséum -je viens de faire peindre l'appartement où sont nos coquilles-ce qui donne beaucoup plus de lumière qu'auparavant......Ne m'oubliez pas auprès de M. Votre fils. Votre dévoué Serviteur Follet*[25] ».

On pourrait encore citer M. **Dargclas** qui sera le premier conservateur du muséum de Bordeaux. et le docteur **Miller** de Bristol, correspondance en anglais, deux lettres de Miss Phillips de Bristol également, qui a voyagé en France, séjourné à Tours, échanges scientifiques et aussi riches de généreuses amitiés. Je ne résiste pas à citer encore la lettre de M. Birlé de Cork, naturaliste anglais

La Tremblade, 17 juin 1823.

« *Monsieur, J'ai reçu hier votre lettre du 12 courant par la Poste ainsi que le paquet confié aux soins de M. Rang. Soyez*

---

23. lettre du 12 décembre 1820, Ms 654, f° 79, Médiathèque de La Rochelle.
24. Le *Thésaurus* de la célèbre collection de l'apothicaire d'Amsterdam Albertus Seba fut réédité en décembre 2001.
25. Lettre de M. Follet de Rochefort, Ms 654, f° 40, Médiathèque de La Rochelle.

persuadé que je l'acheminerai suivant vos ordres. Ce paquet m'est parvenu par un matelot de la Gironde qui venait en permission à la Tremblade, cet homme doit prendre en retournant à son bord dans quelques jours un petit paquet de sables pour vous que j'adresse à M. Rang. J'aurais désiré que la collecte fut plus considérable. Croyez qu'à l'occasion je ne vous oublierai pas.

Je vous prie de présenter mes respects à Mde. d'Orbigny et à votre aimable demoiselle et de faire mes amitiés au camarade Alcide ».

« Croyez moi bien sincèrement votre très dévoué M. Birlé[26] ».

Dans un inventaire adressé au baron Cuvier, le 1er avril 1822, comprenant poissons, reptiles, crabes, et quatre mille échantillons conservés dans l'alcool, Charles-Marie écrit (Biblio. cent. MNHN, Ms 962.) :

« le plus petit des flacons contient les objets les plus importants ».

Il s'agit des sables.

I - 5 - Le trésor est dans les sables

Le trésor est dans les sables, dans les coquilles microscopiques qu'ils contiennent, ce sont ces microfossiles qui sont dans le petit flacon. Au XVIIIe siècle, déjà des naturalistes italiens comme Soldani, Gualtieri ou l'Anglais Walker avaient soupçonné l'importance de ces coquilles. Lamarck, le dévoué et ingénieux classeur de toutes les coquilles du Muséum n'en fit malgré leur apparence ni des Gastéropodes, encore moins des Lamellibranches comme les huîtres mais des Céphalopodes comme les nautiles ou les calamars, des Céphalopodes à logettes (céphalopodes polythalames).

Père et fils vont mettre toute leur passion, tout leur temps dans ce cosmos de l'infiniment Petit, des tests de quelques dixièmes de millimètre. Ils veulent faire l'inventaire de ces énigmatiques coquilles aux formes les plus diverses. Aux sables des plages de Noirmoutier, d'Esnandes, d'Angoulins, de Marsilly,

26. Médiathèque de la Rochelle, Ms 654, f° 29.

de Fouras, de l'île d'Aix ou de Ré, ils veulent ajouter tous les sables de la planète. Etre à La Rochelle, c'est être en bordure du monde, sur la marge de ces océans que sillonnent les navires.

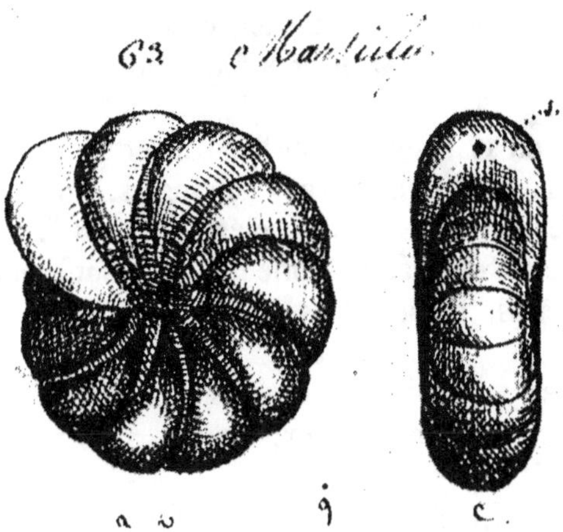

Fig. 5 : Dessin de Foraminifères (A. d'Orbigny)
Manuscrit de la biblio. cent. du MNHN.

L'amiral Duperrey (1786-1865) accomplit de 1822 à 1825, un voyage autour du monde avec deux naturalistes, René-Primevère Lesson de Rochefort et Garnaud, et un second qui se nomme Dumont d'Urville, ils rapportèrent des sables aux d'Orbigny. Le capitaine de Freycinet, au retour d'une autre circumnavigation, leur donna des sables de la Mer Rouge, des Malouines, des Mariannes.

Les yeux de Charles-Marie sont fatigués, Alcide le relaie, dessine, agrandit le croquis. Le Cabinet de sciences naturelles a prêté un microscope, le meilleur de ce temps. Beaucoup de ces dessins conservés forcent l'admiration par leur netteté, leur précision, la présentation exacte sous différents angles.

Madame Le Calvez, du laboratoire de micropaléontologie du Muséum, reprendra une partie des coquilles de Cuba, des Antilles et des Canaries qu'il étudia et dessina en 1839, elle les soumit au microscope électronique à balayage, la comparaison entre les dessins du naturaliste et les clichés obtenus, publiés de 1974 à 1977 par le C.N.R.S. laissent dans le plus grand étonnement. Madame Venec-Peyré poursuit ce travail au Muséum de Paris.

Le muséum de La Rochelle a la chance de posséder le merveilleux cabinet de Curiosités[27] légué dès 1770 par **Clément Lafaille** (1701-1782), avocat et contrôleur ordinaire des guerres sous LOUIS XV.

Le texte du testament précisant l'ouverture du cabinet au public, aux amateurs comme aux étrangers, montre l'esprit généreux qui régnait dans cette société de la Rochelle. Louis Fleuriau de Bellevue et Charles-Marie poursuivront l'œuvre initiée par Lafaille. Certes, c'était dans l'air du temps, L'Esprit des Lumières [28].

Mais ces microscopiques fossiles tirés des sables patiemment tamisés, comment les exposer ?

L'ingéniosité, l'habileté et la patience étaient dans le berceau d'Alcide. Le dessin ne suffit pas, le jeune homme va sculpter dans un calcaire dur, pour mieux en faire saisir la structure. Il grossit ces coquilles de 20 à 400 fois selon les espèces. Il va en tirer des modèles en plâtre qui permettront aux collectionneurs d'identifier les coquilles de leurs sables.

---

27. C'est un salon construit pour ce noble usage, comme les tables de chêne ocre jaune rechampi d'un orange soutenu et dont le tableau de verre présente sur de la soie bleue molletonnée les coquillages des tropiques, les nautiles, les échantillons d'onyx et d'agate. Sous chaque table une chaise pliante permettait aux visiteurs d'admirer à loisir. Dans les armoires latérales, séparées par des pilastres ioniques au fût cannelé, s'offrent au regard les coraux, les graines fantasques. Les flancs d'un billard ventru montrent des tiroirs emplis d'autres *curiosités*. Dans un angle est posée une dent de narval, origine des légendaires et précieuses licornes et encore un sarcophage égyptien. L'intérêt pour l'Egypte est antérieur à l'expédition de Bonaparte.
28. la *Kunstkamera* de Saint-Pétersbourg était aussi ouverte aux visiteurs dès 1718, installée dans le Palais d'Eté avant la construction de l'élégant bâtiment bleu au bord de la Neva. Un verre de vodka et des *zakouski* encourageaient les visiteurs à admirer la collection foisonnante de monstres de toutes sortes.

Charles-Marie est très proche du travail de son fils aîné, il écrit à Alexandre Brongniart :

La Rochelle, 6 décembre[29]

Monsieur,

J'ai l'honneur de vous annoncer que je place dans la caisse adressée au Muséum, un paquet à votre adresse. Il contient la première livraison de modèles de Céphalopodes de mon fils qu'il vous prie d'agréer et une livraison pareille pour M. de Férussac ; je l'en préviens pour qu'il la fasse prendre chez vous.

... Devrais-je espérer que vous voudrez bien concourir à faire connaître ce petit travail, un mot de vous suffira pour le rendre recommandable.

J'ai l'honneur... votre très humble et très obéissant Serviteur.

De son côté, Alcide avait aussi écrit à Adolphe Brongniart :

... C'est dans les petites coquilles qu'il y a un champ vaste et neuf à exploiter, c'est une mine inépuisable, à chaque instant des formes nouvelles, de dix lieues en dix lieues les espèces ne sont pas les mêmes ; enfin des myriades d'êtres sont encore inconnues à presque tous les zoologistes... J'aurai des matériaux de quoi faire un ouvrage qui ne laissera pas d'intéresser tous les savants[30] ».

Alcide va donc s'astreindre, pendant son temps disponible à faire ces modèles. Tout un travail de plâtre à gâcher, modeler, peindre parfois et joint le plus souvent à des échantillons correspondants. Des boîtes de modèles laborieusement faites sont déposées chez Guérin à Paris, rue des Fossés Saint-Victor, elles contiennent aussi des dessins. On peut voir quelques-uns de ces modèles dans des vitrines du Muséum de Paris comme de La Rochelle. Très attentifs aux techniques nouvelles, Alcide sollicite les conseils et l'aide d'Adolphe pour l'utilisation de la lithographie avec ce calcaire fin découvert en Bavière. Pour la passion de comprendre et de faire comprendre il achète pierres, burins, presse, papiers malgré un budget étroit. Il a un emploi dans les bureaux de

29. Biblio. cent. MNHN, Ms 1970, lettre 315.
30. Biblio. cent. MNHN, Ms 1970, lettre 305.

la Préfecture, cet énorme travail est arraché aux heures de loisir et surtout de sommeil.

Une très longue lettre de Charles-Marie à Adolphe Brongniart, datée de La Rochelle le 2 février 1822, avait détaillé le travail minutieux, les dépenses de papier, coton, plâtre, vitre qu'ils engagent mais plus grave, le Muséum semble n'en attribuer le mérite qu'à Charles-Marie et le jeune Alcide se décourage :

« Je suis certain que quelques mots flatteurs redonneront à son imagination avide d'instruction et de gloire, l'énergie et la confiance qui peut seule faire vaincre les dégoûts d'un travail long et minutieux... Si cet espoir vient à l'abandonner je crains qu'il n'abandonne l'étude pour se livrer à quelque autre passion et ce serait réellement une perte pour la Science et un très grand sujet de chagrin pour moi.... » Charles Marie connaît la nature ardente de son fils, les sujets de passion ne lui manqueront plus.

On peut encore retenir de cette longue lettre[31] : « *J'attends les derniers volumes de Lamarck pour terminer le catalogue du cabinet de la ville de la Rochelle d'après les dénominations spécifiques.*

Je crois que nous avons enfin trouvé le moyen de donner au plâtre à peu près la solidité du stuc, dès que nous serons définitivement fixés, nous vous changerons tous les modèles de votre livraison pour de plus solides et mieux terminés. Alcide se dispose à vous envoyer les échantillons des roches de l'île d'Aix dont il vous a donné des coupes d'escarpement.

D'un autre courrier[32] de Charles-Marie à Adolphe, du 6 décembre 1822 : « *... Tout ce que nous possédons comme ouvrage sur la lithographie se borne à un manuel théorique et pratique sur cet art, publié par Maucourt de Charleville. Toulon 1819, ainsi toutes les notes que vous nous donnerez nous deviendront nécessaires.* ***J'espère que l'été prochain, Alcide sera en mesure d'aller à Paris où il prendra des cours de quelques-uns des meilleurs lithographes,*** **ce** ***qui lui sera fort avantageux pour la suite de ses travaux sur les coquilles microscopiques ».***

---

31. Biblio. cent. MNHN., Ms 1970, lettre 314.
32. Biblio. cent. MNHN., Ms 1970, lettre 314.

La Bibliothèque du Muséum de Paris possède une longue lettre[33] **d'Alcide pour Adolphe Brongniart** :

La Rochelle 30 mars 1823.

« Monsieur,

Ce n'est qu 'à présent que je puis avoir le plaisir de répondre à votre lettre du 30 janvier et vous accuse réception de la caisse dans laquelle elle était. Vous savez que je suis employé à la Préfecture de notre département (bureau militaire). Le peu de délai accordé, cette année, pour les opérations de recrutement des jeunes gens de la classe 1822 dont je faisais partie a pris absolument tout mon temps, et ce n'est que depuis quelques jours après le départ des jeunes gens qui ont été pris pour le contingent que l'on me laisse un peu le temps de respirer hors les heures ordinaires de bureau. J'ai été inquiet aussi pour mon propre compte. Je craignais bien d'avoir un bas numéro, car alors j'aurais été obligé de partir ne pouvant m'acheter un remplaçant mais heureusement que le n° 172 que j'ai eu m'a mis au-dessus de toute crainte et a tranquillisé ma famille. J'ai vu avec bien du plaisir tout ce que contenait la caisse que vous m'avez envoyée. Les cornets de sable de Rimini et de Castelarquato sont des mines inépuisables de coquillages....

Je dois incessamment avec un officier de marine, Mr Rang, qui s'occupe d'histoire naturelle aller à l'île d'Aix et de là parcourir avec lui toute la côte de la Saintonge....S'il vous était possible de m'en procurer qui soit véritablement de Courtagnon...vous me ferez un bien vif plaisir car vous savez que ***je veux me livrer entièrement aux infiniments petits... »***

« A. Dessalines d'Orbigny. »

Alcide se révèle infatigable et habité de passions multiples. Il écrit au jardinier André Thouin[34].

La Rochelle, le 25 décembre 1824.

... Désirant continuer, d'augmenter par le moyen d'échanges la collection d'oiseaux que vous m'avez vu lorsque j'eu le plaisir de vous voir à La Rochelle, je vous envoie ci-contre la liste des espèces que j'ai maintenant... Il me manque beaucoup d'espèces que vous pourrez vous procurer assez facilement, ce sont

---

33. Biblio. cent. MNHN., Ms 1970, lettre 315.
34. Biblio. cent. MNHN., Ms 1981, lettre 2174.

celles d'oiseaux gardés au jardin des plantes et des oiseaux des bois...

Vous ne devez pas douter de la reconnaissance avec laquelle je les recevrai ainsi que les sables que vous aurez pu vous procurer, car plus que jamais je tâche d'en avoir de différents pays pour faire le moins d'omissions possibles dans mon travail sur les Céphalopodes microscopiques.

La passion du jeune Rochelais est connue de la communauté scientifique, comme l'indique la lettre de Félix de Roissy, correspondant de l'Institut :

Paris, 28 décembre 1824*[35]*.

Je vous fais remettre avec grand plaisir les microscopiques que je tiens de MM. Quoy, Guimard et Godichoux, sachant tout le parti que vous en tirez, je ne peux les placer en de meilleures mains et je m'en trouverai heureux si vous y trouveriez quelques faits à ajouter dans l'ouvrage dont nous attendons avec impatience la publication... Croyez, Monsieur, que je serais très flatté d'avoir l'honneur de faire connaissance avec vous dans votre voyage à Paris que Bellevue[36] *nous fait espérer très prochainement. J'ai l'honneur, Monsieur, d'être votre très humble et très obéissant Serviteur.*

Félix de Roissy, rue du Sentier, n° 3.

Voici un jeune homme très attendu.

---

35. Médiathèque de La Rochelle, Ms 654, f° 79.

36. Fleuriau de Bellevue (La Rochelle 1761-Idem 1836) De famille protestante, il a étudié à Genève et voyagé en Europe. Exilé en 1789, il s'initia à la géologie avec Dolomieu dans le Tyrol. Nommé membre de l'Institut en 1819, il fonda un Bulletin des Sciences Naturelles à vocation universelle.

II - Aide Naturaliste au Muséum de Paris

Nous avons déjà évoqué le rôle de Louis Fleuriau de Bellevue, humaniste et libéral, actif au conseil général de Charente inférieure de 1801 à 1850, il était président de nombreuses sociétés savantes entre lesquelles il établissait des relations. Le baron de Férussac[1] va aussi jouer un rôle déterminant dans le destin d'Alcide d'Orbigny. Correspondant du Muséum, il va obtenir pour lui un poste d'aide-naturaliste à Paris.

En février 1825, d'autres sables l'y attendent pour parfaire encore le répertoire de ces curieuses coquilles.

Collections du Muséum, ouvrages, le jeune homme ne perd pas son temps et dès le 7 novembre de la même année, il présente à l'Académie des Sciences avec une introduction de M. de Férussac un premier tableau méthodique de ces *« Céphalopodes polythalames »* selon Lamarck. Ce sont en fait des animaux unicellulaires, notion que l'on découvrira plus tard. Les plus nombreux sont protégés par un test calcaire. Ils sont constitués de petites loges séparées par des cloisons percées d'un trou ou **foramen**.

En 1835, on leur donnera le nom de Foraminifères. Ils forment un ordre à part, dissociés de tous les mollusques céphalopodes.

Extrait de l'introduction de M. de Férussac :

« Attiré par cet attrait puissant qu'offre à un jeune naturaliste les parties les plus obscures et les plus difficiles de la

---

1. **André de Férussac**, né à Agen en 1786, embrassa d'abord la carrière militaire. Blessé en Espagne, en 1811, il se tourne vers l'étude des sciences naturelles, en particulier les coquillages y voyant là, comme le pensait Buffon dont il admirait les ouvrages, des clés pour comprendre l'histoire de la vie sur terre. Il apparaît sur la scène politique de 1823 à 1832 mais ses recherches scientifiques, ses réflexions sur les théories de son temps, entre Cuvier et Lamarck sont prioritaires. Créant, en 1823, le *Bulletin des Annonces et nouvelles Scientifiques*, il a l'ambition de rassembler le savoir de tous les pays. Tâche gigantesque où il engloutit sa fortune personnelle, il doit arrêter ces publications, en 1832. Candidat malheureux à l'Académie, en 1821, 1825, 1826, et 1832, il meurt prématurément en 1836. Voir la communication de Catherine Blanloeil, le 24 février 1988 au COFRHIGEO.

science, et sentant d'ailleurs toute l'importance que présentait l'étude de ces myriades de petits corps organisés, M. d'Orbigny fils, aidé dans son projet par les conseils et les encouragements d'un père habile et zélé investigateur de la nature, entreprit de pénétrer dans le dédale qu'offrait à l'observation ces infiniment petits, comme on les appelle,...

La plupart des travaux de M. d'Orbigny ont été faits à La Rochelle ...mais c'est à Paris seulement qu'il pouvait mettre la dernière main à la classification...Il fallait qu'il visitât les collections de la capitale et qu'il prît enfin ces idées générales qu'on ne peut acquérir qu'au milieu d'un grand concours de lumières en tout genre... »

Dans sa propre présentation, Alcide d'Orbigny a nommé son père, les capitaines les collectionneurs, toutes les personnalités qui lui ont fourni les précieux sables. Il a distingué 545 espèces de ces coquilles actuelles ou fossiles qui mesurent souvent moins d'un millimètre. Avec les modèles grossis de 20 à 400 fois selon les cas, il a aussi fait des planches d'aquarelles publiées dans les *Annales de Sciences Naturelles* en mars 1826. Il en avait préparé davantage, on ne va pas lui en laisser le temps. Toute sa vie, il poursuivra cette passion pour les *« Foraminifères »*.dont il a pressenti l'importance. Ces microfossiles sont différents selon le climat et la profondeur des eaux dans lesquelles ils se sont formés, leur forme a évolué avec le temps. Ils se révèleront des marqueurs chronologiques de prédilection (*Je n'ai pas dit qu'A. d'Orbigny avait déclaré qu'ils avaient « évolué » mais il a constaté qu'ils sont différents selon l'ancienneté des couches géologiques)*.

Vers 1920, on a découvert qu'ils pouvaient être des indicateurs essentiels pour la probabilité de la présence des hydrocarbures dans le sol. Les pétroliers n'ignorent pas Alcide d'Orbigny. On pourrait dire encore beaucoup. Ces myriades de fossiles si petits ont formé des couches calcaires puissantes qui furent des bancs de carrière pour construire Notre-Dame de Paris et ailleurs les pyramides d'Egypte.

Les tunneliers ont aussi recours aux foraminifères pour une détermination des plus précises des couches à traverser [2].

Cuvier et le monde scientifique admirèrent le travail si méthodique du jeune d'Orbigny et songèrent à lui confier une mission où toutes ses qualités seraient sollicitées.

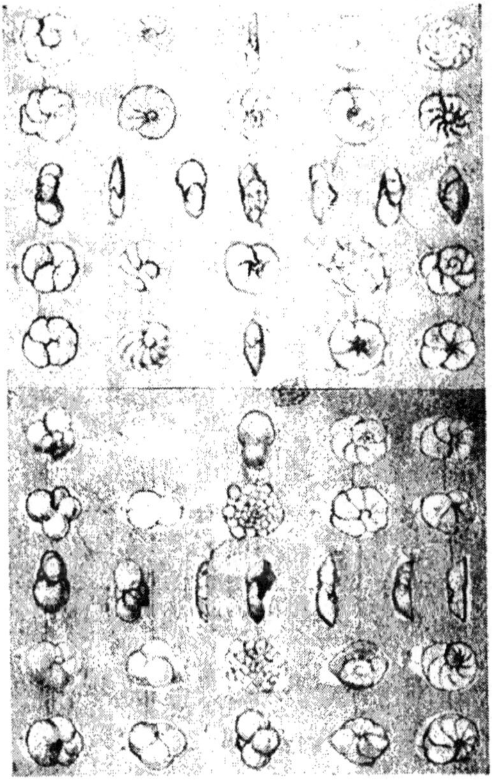

Fig. 6 : Planche de travail sur les foraminifères
Collage de dessins.
(Manuscrit de la biblio. cent. du MNHN.)

2. Le tunnel sous la Manche a été creusé dans une couche de craie bleue difficile à distinguer de la craie grise sus-jacente. Le foraminifère *Rotaliapora recheli* de 5 mm de diamètre est spécifique de la craie bleue, sa présence a servi de guide aux tunneliers

Fig. 7 : Carte de l'Amérique méridionale dressée par Alcide d'Orbigny en 1836.

III – Une Mission : Partir en Amérique

III - 1 - La préparation

1810, 1816, 1825, on peut égrener ces dates comme le chapelet des colonies sud-américaines qui s'émancipent. Pour affaiblir L'Espagne, Napoléon avait envoyé des provocateurs déguisés en colporteurs pour travailler l'opinion, répandre les idées qui avaient déjà soulevé les Américains du Nord en 1776. Ces idées n'étaient pas tout à fait neuves sur ce continent. Montesquieu, Voltaire, Rousseau, l'Abbé Mably étaient les lectures favorites de l'élite créole. En 1813, *The Common Sense* de Thomas Payne avait été traduit en espagnol. « *Les créoles d'ascendance européenne en ont assez d'être à la botte de leurs compatriotes métropolitains... A Vienne comme à Vérone, les colonies américaines sont l'une des pièces maîtresses de l'échiquier continental. Finalement, la guerre sera gagnée par les créoles, grâce à la valeur de leurs chefs mais aussi grâce à l'Angleterre, à son or et à sa flotte qui, en aidant l'Amérique méridionale à se délivrer du monopole ibérique, se réservait sa clientèle* [1] ».

En 1811, le Venezuela et le Chili avaient proclamé leur indépendance. Dans la foulée des élans révolutionnaires et sous l'égide d'hommes généreux comme Bolivar, Antonio José de Sucre ou le général de San Martin, les pays d'Amérique du sud acquièrent dans le sang et le courage, leur liberté. Ce sont des territoires neufs pour les négociants, des marchés à conquérir, des matières premières à glaner. Pour les savants des territoires à explorer aux faunes et flores inconnues ou presque.

Comme l'a résumé Pascal Riviale[2] : « *L'émancipation de l'Amérique latine de ses tutelles espagnole et portugaise allait laisser le champ libre aux appétits commerciaux de l'Europe proto-industrielle, mais aussi à une curiosité scientifique longtemps bridée par les couronnes d'Espagne et de Portugal* ». Au tout début du XVIIIe siècle, les riches personnalités des Pères de l'ordre des Minimes, Charles Plumier puis Louis Feuillée

---

1. Descola Jean, *Les Messagers de l'Indépendance*, Laffont, 1975, p. 13.
2. Riviale Pascal, *Journal des Américanistes*, 1995, p. 209.

avaient enrichi les muséums de dessins sur la faune et la flore sud-américaines. La longue et périlleuse expédition (1737-1743) de Godin, La Condamine et Bouguer très encadrée par les militaires espagnols, avait aussi donné quelques lueurs sur les richesses naturelles du continent et sur la récolte de l'écorce du quinquina. Joseph de Jussieu, leur compagnon, passionné par toute cette exubérance végétale n'était revenu, épuisé qu'en 1770 [3].

L'expédition financée par le baron prussien Alexandre de Humboldt, et qu'il réalisa avec le Rochelais Aimé Bonpland au Venezuela de 1799 à 1802 donna lieu à l'édition, en 1810, du *Voyage en Amérique équinoxiale* dont le succès aviva encore les curiosités.

Cuvier et son entourage de savants souhaitent augmenter leurs collections, approfondir leurs connaissances. Ce jeune Rochelais, capable de classer des coquilles à peine visibles à l'œil nu devrait pouvoir faire l'inventaire, du Pérou et du Chili. La présentation du tableau des *Foraminifères* est du 7 novembre 1825, c'est dès le 15 novembre que l'assemblée des professeurs du Muséum, Cuvier, Brongniart, Geoffroy Saint-Hilaire décide que : « *M. Dessalines d'Orbigny, fils du correspondant du Muséum à la Rochelle a toutes les qualités qui le rendent propres à remplir une pareille mission, telles que jeunesse, santé, connaissances étendues et variées dans les différentes branches d'histoire naturelle acquises tant auprès de son père que depuis son séjour à Paris, activité, zèle et conduite studieuse et sage, décidé* »[4].

Voici un portrait très flatteur, M. Dessalines d'Orbigny sera présenté à S. E. le Ministre de l'Intérieur en qualité de voyageur naturaliste du Muséum Royal d'Histoire Naturelle[5]. Cuvier a longuement expliqué les collections à envoyer dès que possible, les lettres de ces envois à faire en double, je ne retiens

3. Trystram Florence, *Le Procès des étoiles*, 1979, Seghers. 1993, Payot, Poche. Il y eut encore des exceptions à l'ostracisme des Espagnols : Joseph Dombey fut chargé par Turgot, avec l'agrément du roi d'Espagne d'une mission au Pérou et au Chili de 1777 à 1785, toutefois les collections ne revinrent pas entières et Dombey trouva une mort non élucidée lors d'un nouveau voyage.

4. Arch . nat. AJ/15/630.

5. Voir l'ouvrage *Les Naturalistes français en Amérique du sud (XVIe-XIXe siècle)*, textes réunis et publiés par Yves Laïssus en 1995, d'après le Congrès de Pau de 1993, édité par le Comité des travaux historiques et scientifiques.

que quelques lignes : « *...d'envoyer de chaque lieu, tout ce que vous y aurez recueilli, sitôt que vous en trouverez l'occasion avec des notes exactes sur l'origine de chaque objet... de profiter autant que possible des vaisseaux de l'Etat pour faire ces envois. ...En fin de rester absolument étranger à tout ce qui pourrait intéresser la politique des pays que vous allez parcourir et de ne vous permettre pas même d'esquisser en conversation vos opinions sur les différents partis qui peuvent y exister mais de montrer dans l'occasion de la bienveillance à tout le monde* [6] ».

Au Pérou et au Chili, on ajoute Buenos-Ayres, c'est une vaste mission scientifique qui comprend aussi l'étude de la géographie et des peuples indiens que Cuvier hésitait à mettre dans une des trois grandes races connues (blanche, noire et jaune) préférant les laisser en dehors. Partir en Amérique, traverser l'Atlantique à 24 ans, quoi de plus exaltant ? N'en avait-il pas déjà rêvé en écoutant les récits de son père médecin de la marine royale ou ceux des Audubon ? ou simplement en se promenant dans le port de La Rochelle ?

Quelques mois à *« l'Ecole des naturalistes-voyageurs »* créée en 1818 à l'initiative de Thouin. En 1824 existait une brochure : *« Instruction pour les Voyageurs et les employés dans les colonies sur la manière de recueillir, de conserver et d'envoyer les objets d'histoire naturelle, rédigée sur l'invitation de Son Excellence le Ministre de la Marine et des colonies par l'administration du Muséum Royal d'Histoire Naturelle »*, elle fut rééditée jusqu'en 1860.

Latreille et Blainville[7] précisent les connaissances du jeune homme en zoologie et entomologie. Isidore Geoffroy Saint-Hilaire lui rédige des notes pour recueillir petits mammifères et oiseaux, Cordier, qui avait été l'élève de Dolomieu, l'instruit en minéralogie, Desfontaines, en botanique, Brongniart, en géologie, Cuvier en anatomie comparée et **paléontologie des Vertébrés,** science neuve qui fait ressurgir les animaux disparus, félins à dents de sabres, pachydermes à quatre défenses... Pour le dessin, le jeune

6. Arch. nat. AJ/15/750.

7. **Latreille** (1762-1833) Ecclésiastique avant la Révolution, il succéda à Lamarck au Muséum. **Blainville** (1777-1850) succéda à Cuvier, en 1832, à la chaire d'Anatomie comparée.

homme a déjà fait ses preuves. Auguste de Saint Hilaire[8], naturaliste qui a voyagé au Brésil de 1816 à 1822, lui recommande des amis à Rio et à Montevideo. Humboldt lui donne quelques instruments dont un baromètre : « *Si Humboldt encourageait les savants à continuer la prospection de ces pays lointains qu'il avait connus avant les soulèvements et dans la paix du colonialisme espagnol, les Français eux - Cuvier, Arago, Gay-Lussac et leurs collègues libéraux dans l'âme - nourrissaient un préjugé favorable à l'égard des jeunes Républiques d'Amérique. Considérées à distance, elles leur paraissaient contenir des promesses de justice et de progrès* [9] ».

Le Muséum vote au jeune voyageur un crédit de 6 000 F par an. Le professeur Desfontaines botaniste[10], qui a déjà voyagé lui crie :

« *N'allez pas en Amérique avec cette modique somme, vous allez mourir de faim* ». Sur son insistance, le jeune homme fait une démarche auprès du duc de Rivoli, descendant du maréchal Masséna[11], qui a un domaine près de la Ferté Saint-Aubin. Le mécène, connu pour son goût des sciences de la nature, promet de verser 3 000 F chaque année. L'aubaine s'arrêta en 1830. Nous verrons que le Muséum fut presque sans nouvelles du voyageur pendant la dernière partie de son voyage et cessera aussi l'indemnité.

Au mois de mai 1826, le jeune d'Orbigny reçoit du ministère de la marine l'avis de son passage sur la corvette de

---

8. **Saint-Hilaire Auguste de** (Orléans 1779-Orléans 1853). Voir l'article de Lorelay Kury dans *Les Naturalistes français en Amérique du sud*… p. 24.

9. Descola Jean, *Les Messagers de l'Indépendance*, Laffont, 1975, p. 158.

10. **Desfontaines René** (Tremblay en Bretagne 1752-Paris 1833) alla en mission en 1783, en Afrique du Nord, on disait alors « *en Barbarie* », il récolta plantes, insectes et animaux. Il avait confié sa relation de voyage à Louis XIV qui la perdit. Toutefois une *Flore du Mont Atlas* fut publiée, illustrée par Redouté et une *Flore atlantica*, il distinguait les mono- et les dicotylédones. Il enseigna ensuite au Muséum.

11. **Masséna François** (1795-1863), second fils du maréchal d'Empire et amateur de Sciences Naturelles. Il avait acheté, en 1829, la collection de coquilles de Lamarck qu'il revendit, en 1840, à Benjamin Delessert (1773-1847). Ce dernier, mécène, mais aussi botaniste et conchyologiste donna toutes ses collections au Muséum de Genève.(renseignements fournis par le professeur Lanterno de Genève)

charge *La Meuse*. Quittant Paris qui avait dû aussi le séduire, il part vers sa famille à La Rochelle. Dans une lettre du 22 juin 1826, de son père adressée au Muséum on lit : « *Mon fils part demain pour Brest où il sera rendu le 25 ; je vais le conduire jusqu'à Bourbon-Vendée ; de là je me rendrai aux Sables d'Olonne et à Noirmoutier, pour obtenir des pêcheurs les derniers renseignements nécessaires à la terminaison de mon grand tableau de tous les poissons connus jusqu'à présent sur les côtes de Gascogne* [12] ».

La Roche-sur-Yon est le nom actuel de la ville créée par Napoléon dans le cœur de la Vendée sous le nom de Napoléonville, dès la première Restauration elle était devenue Bourbon-Vendée. Bougainville est rentré à Brest en juin d'un deuxième tour du Monde, ce n'est déjà plus de l'exceptionnel.

En fait, *La Meuse* n'appareillera que le 31 juillet. Les traversées atlantiques se font encore à la voile. Les essais seront nombreux combinant la voile et la vapeur, dans un premier temps, le poids et le volume du combustible freinant les possibilités. Ce n'est que dans la deuxième partie du XIXe siècle que les paquebots anglais, ceux de la *Cunard Line* par exemple, règneront sur les mers du globe.

Dans la partie historique du *Voyage* publié au retour, le voyageur écrit : « *tous les jours, j'allais sur le port pour voir si l'armement du navire avançait ; tous les jours, on me disait : ce sera pour demain ; et je revenais tristement à mon domicile* [13] ».

Il faudra avant le départ, l'intervention de Cuvier et l'autorité du ministre de la Marine pour que le capitaine accepte que son passager fasse des observations de naturaliste pendant le voyage et embarque les nombreuses caisses du matériel nécessaire : deux fusils ; boîtes à herboriser, bocaux pour conserver, filets à papillons ou insectes, rames de papier, boîtes de couleurs, pinceaux, microscope, baromètres, cartes et livres[14].

Autour de Brest pendant les jours d'attente, Alcide regarde, dessine, recueille des animaux marins, méduses, crustacés, coques.

---

12. Arch. nat AJ/15/558.
13. *Voyage*, tome I, p. 7.
14. Voir la page 1125 du numéro de mars 2000 des *Annales de Sciences Naturelles de Charente maritime.*

Dans le sillage de son père, sa vie ne sait qu'être tournée vers l'observation de la nature avec ferveur, émerveillement et même humour. Le tome I du folio 203 des réserves du Muséum de Paris contient un dessin très bien aquarellé réalisé pendant cette longue attente à Brest d'un petit pêcheur breton, de dos, et portant comme un trophée, au bout d'une pique une appétissante langouste. Le feuillet 740 du Ms 1988 conservé à la Bibliothèque du Muséum de Paris est une lettre timbrée de Brest adressée à Messieurs les Professeurs du Muséum détaillant un envoi du 29 juillet 1826, de poissons et autres objets *« dont une annélide bien singulière qui épanouit ses bras comme une jolie fleur violette, en dehors du sable... »*

L'impatient Rochelais ignore qu'il s'embarque pour près de huit années, que les dangers de toutes sortes l'attendent, qu'il va y faire une moisson extraordinaire et y vivre probablement les heures les plus lumineuses de sa vie.

III - 2 - La traversée atlantique

Le jeune passager s'est bien vite amariné. Au retour, il publiera le récit *Voyage en Amérique méridionale,* dédié au baron de Humboldt. « *Un jour, une troupe de petits marsouins passa près de nous ; ils sautaient obliquement à qui mieux ; quelques-uns s'élançaient hors de l'eau à plus de trois pieds et s'y replongeaient ensuite, ... Nous crûmes aussi apercevoir quelques tortues. A la mer, on redevient enfant, on s'amuse de tout, on saisit au passage, avec l'avidité de l'enfance, le moindre objet qui vient rompre l'assommante monotonie des journées toujours uniformément commencées et finies* [15] ».

Le voyageur tenait un journal qui fut précieux pour la rédaction du retour, ce premier jet ne nous est hélas pas parvenu[16]. Il écrit à sa famille et Charles-Marie, fier de son fils aîné confie des extraits de lettres à *L'écho rochelais*. Le muséum de La Rochelle

---

15. *Voyage,* tome I, p. 7-8.
16. La Bibliothèque du Muséum a acquis, en 1999, les manuscrits du *Voyage Historique* avec l'aide de La Fondation E.D.F., Lierac et la Société du Muséum. Feuillets jaunis, un peu effrangés, mais lisibles, assez semblables au texte imprimé, du moins dans les premiers chapitres.

possède des cartons de journaux régionaux et nationaux probablement collectés et annotés par Charles-Marie, tous concernant les évènements de ses deux fils engagés dans le domaine scientifique. On devine la fierté et l'attention soutenue de ce père pour les siens. Nous ferons souvent appel à ces documents qui ont, de toute façon, fait l'objet d'un choix premier.

La Meuse doit faire escale aux Canaries où sont réglés les chronomètres avec lesquels on calculera ensuite les longitudes. Alcide avait déjà rêvé de cette escale à Ténériffe dont son père lui avait parlé, il a même dormi dans la grotte des anciens Guanches (population primitive de l'île) comme lui. Il montre dans l'observation de la nature une exaltation qu'il gardera même aux pires moments.

Lettre du 18 août 1826, publiée le 27 novembre 1829 dans *L'écho rochelais.* (il faut penser à l'opportunité de l'envoi, au temps du trajet et peut-être à la réticence de la famille dans un premier temps, on reviendra sur une autre raison possible.)

« Enfin j'ai parcouru une bonne partie de l'île tant désirée : presque tout m'y était inconnu ; végétaux, animaux, roches, jusqu'au langage et aux costumes. Dans les premiers instants j'étais comme ébloui à force de voir, tout se réunissait pour me faire éprouver un bonheur dont les êtres indifférents aux beautés de la nature, se feront difficilement une idée....J'ai pris beaucoup de notes et de dessins dont je te ferai part ; j'ai recueilli des plantes terrestres et marines, quelques oiseaux, des espèces inédites de mollusques marins, terrestres et fluviatiles, entre autres cinq espèces d'Hélix, une Physa, un Ancylus...J'ai mangé des bananes, bu du fameux vin, et j'ai bien souvent regretté de ne pouvoir partager avec vous toutes mes nouvelles jouissances ».

Le cahier 741 du Ms 1988 du Muséum renferme les descriptions et les superbes dessins aquarellés des poissons recueillis justement à Ténériffe. La mission scientifique était toujours prioritaire.

Il fallut presque deux mois de traversée à s'amuser des poissons volants, des requins, des méduses phosphorescentes et du rite du passage du Capricorne. Il y eut les bourrasques, les tempêtes ou le calme plat qui immobilise mais le 24 septembre, la corvette s'approche du goulet de Rio de Janeiro.
(la rivière de Janvier, découverte le 1er janvier 1531, par Sousa.)

« Nous approchions toujours. Le continent se faisait remarquer par une longue suite de montagnes de diverses formes...Non loin de là s'élève le fameux pain de sucre...Nous entrâmes enfin dans le goulet...et nous nous trouvâmes dans cette immense rade, l'une des plus belles du monde....J'allais enfin mettre le pied sur cette terre tant désirée, dont j'avais, presque dès mon enfance, rêvé l'exploration et l'étude...Rien ne manquait à mon bonheur...J'étais en Amérique »[17].

III - 3 - Premières semaines en Amérique

C'était donc le 24 septembre 1826, la corvette avait quitté Brest le 31 juillet. La mission d'Alcide d'Orbigny ne comprenait pas le Brésil qu'avait exploré Auguste de Saint-Hilaire de 1816 à 1822.

Le naturaliste trouvera un passage vers l'Argentine dans quelques jours sur un bateau hambourgeois. Hambourg, ancien port de la Hanse a des rapports privilégiés avec l'Amérique du sud.

Sans perdre de temps, le jeune voyageur parcourt les environs : « *De chaque côté, des orangers sauvages, des caféiers, des mimosées au feuillage délicat, des palmiers, et, surtout, ces belles fougères arborescentes, dont les élégants rameaux, d'un vert tendre, paraissent sortir de leur tronc, comme un jet d'eau, qui retomberait en pluie tout autour. Le nombre d'espèces de fougères varie à l'infini sur les bords des eaux, qu'ornent, d'ailleurs, mille fleurs diverses, couvertes de papillons et d'oiseaux-mouches qui, d'un vol léger, viennent s'abreuver tour à tour du nectar de chacune d'elles* [18] ».

« *J'étais vêtu et équipé en vrai naturaliste : veste grise, sac à plomb, poire à poudre, carnassière pesante sur le dos, mon fusil sur l'épaule et la tête couverte d'un énorme chapeau de paille, qui m'avait servi de boîte à insectes et qui en était couvert* [19] ».

C'est au cours d'une de ces équipées qu'il va croiser trois élégants cavaliers, l'empereur et l'impératrice du Brésil avec un

---

17. *Voyage*, tome I, p. 19-20.
18. *Voyage*, tome I, p. 22.
19. *Ibid.*, p. 24.

officier qui renseigna le jeune homme confus. L'importance de la population noire avait attiré son attention dès son arrivée dans la baie de Rio. Comme il revient d'excursion, il assiste à une danse de ces villageois de San Christovaô :

« Les vieillards entouraient les danseurs, en battant des mains ;leur physionomie joyeuse semblait sourire au souvenir de leur pays natal. Il est si doux de se rappeler la patrie ! Je crus trouver une preuve de plus de cette vérité de sentiment dans la conduite d'un vieux nègre, assis tout seul sur sa pirogue, au bord de la mer. Il tenait à la main un instrument à cordes fait avec une calebasse et un morceau de bois ; il en tirait des sons, au moyen d'une sorte d'archet, en chantant des paroles de son pays, sans paraître faire la moindre attention à ce qui l'entourait, tant il était absorbé par les idées que réveillaient, sans doute, en lui, et ces chants et, peut-être, la forme même de l'instrument grossier dont il les accompagnait [20] ».

Cette compréhension, cette bienveillance envers les peuples différents, en particulier envers les Indiens avec lesquels il va bientôt partager la vie est une constante dans l'attitude du naturaliste. Ce n'est pas le regard le plus habituel des Européens, à cette époque. Certes Jean-Jacques Rousseau a initié l'hypothèse du *Bon Sauvage*. Je vois plutôt là l'influence de Charles-Marie qui, aux escales, a vu les esclaves à Saint-Domingue. Un petit nombre de planteurs avait appartenu à la société des *« Amis des Noirs »*.

En attendant le départ, Alcide récolte fougères, papillons, coléoptères aux élytres mordorés, les prépare, dessine, c'est sa mission et elle le passionne.

Le 11 octobre, le bâtiment hambourgeois sur lequel il avait négocié son passage appareille enfin pour Montevideo, en fait c'est un convoi de sept navires qui allait de conserve car les corsaires de la République argentine croisaient pour gêner le commerce du Brésil. Les deux pays étaient en guerre pour l'occupation de la « ***Banda orientale*** » qui séparait les deux territoires. Eternel problème des frontières, des limites. Cette province a déjà eu tout un jeu de nationalités au kaléidoscope des malheurs. Successivement espagnole, portugaise, anglaise, brésilienne, argentine, elle se proclamera « **République orientale de**

---

20. *Voyage*, tome I, p. 26.

l'Uruguay » en 1828 mais les combats ne cesseront vraiment qu'en 1872.

Fig. 8 : Carte du rio de La Plata d'après Arsène Isabelle.

Les navires arrivèrent saufs le 29 octobre à Montevideo, après avoir longé deux mille kilomètres de côtes. La ville et son environnement plat le déçoivent après la végétation plus luxuriante du Brésil. Un imposteur se faisant nommer *« comte de Potocki »* et savant naturaliste, envoyé par le gouvernement français, a obtenu faveurs et passage pour Buenos-Ayres avant d'être démasqué, son matériel scientifique consistait en articles de parfumerie et de quincaillerie. Ici, comme à Buenos-Ayres, on sera alors très méfiant vis-à-vis des naturalistes-voyageurs, les mésaventures d'Alcide ne manqueront pas. Ce n'est qu'après diverses tracasseries qu'il pourra gagner la terre ferme de Montevideo et, comme sans cesse, collecter: « *cette petite espèce de tinamou, si commune dans les plaines, où elle remplace nos perdrix...*

l'étourneau militaire, à la gorge et aux épaulettes rouges, les jolis traquets à lunette, dont le plumage est d'un si beau noir ; le troupiale à ventre jaune...[21] »

Que sait-on à La Rochelle ?

En première page de *L'écho rochelais*, on a toujours *« le mouvement du port »*, celui du 29 janvier 1830 nous apprend que le brick américain *Lagrange*, de Boston, venant de la Nouvelle-Orléans, chargé de bois merrains est arrivé ainsi que le brick français *Le Perplexe*, de Bordeaux, venant de Marseille avec savon et huile. On annonce aussi les départs : celui du chasse-marée *l'Union*, de Sarzeau, allant au Havre et à Rouen, chargé d'eau-de-vie ou encore celui du brick *le Pêcheur* de Saint-Servan, 74 tonneaux, capitaine Lebrun, chargé de sel. Toute une activité ressuscitée pour nous au travers de ces pages jaunies. Ce même numéro présente des extraits de la lettre du voyageur–naturaliste de Montevideo, datée du **3 décembre 1826**. Ce qui ne le déçoit pas, c'est l'accueil qu'il reçoit : « *Il y a chaque soir réunion, j'ai été présenté partout, et je me plairais beaucoup ici, si je n'étais pas un oiseau de passage... Les danses espagnoles sont presque aussi agréables que les nôtres : les femmes y déploient toutes leurs grâces, et pour le moins, autant de coquetteries que nos Françaises. Dans chaque maison on observe en entrant, un piano, des guitares ou lyres, et des castagnettes ; l'on s'aperçoit bien vite que l'éducation des demoiselles est toute d'agrément ; elle ne se compose en effet que de danse, de musique, rarement de littérature ; les arts utiles sont oubliés, et l'on néglige même de leur apprendre à penser et à réfléchir* ». Le jeune homme a 24 ans, on peut être sûr de son charme, ses réflexions nous laissent deviner les idées modernes sur l'éducation des filles que devait professer Charles-Marie d'Orbigny. Plus loin la lettre raconte les recherches et expéditions sur la corvette *La Zélée* en attendant la possibilité de rejoindre Buenos-Ayres que la guérilla rend difficile d'accès. Comme il était en excursion avec cinq officiers de cette corvette, ils furent attaqués par des Gauchos et en même temps bombardés par des Portugais qui tenaient un fort. Ils échappèrent à ces dangers

---

21. *Voyage*, tome I, p. 37.

et en plaisantant envoyèrent, le soir, au commandant , le boulet qui n'avait, par chance, touché personne.

Le naturaliste fait un tableau de la virtuosité équestre des Gauchos : « *Au grand galop, ils se tiennent sur le côté et souvent même sous le ventre des chevaux ; figurez-vous voir fondre plusieurs centaines de ces animaux sur l'ennemi sans qu'il paraisse un cavalier, et, dès qu'ils sont en présence, voir tous ces hommes en selle, firent feu de leurs pistolets, à bout portant, et sabrer de tous côtés. J'ai été témoin de leur intrépidité...* »

De retour à Montevideo, il fut le héros d'une mésaventure qui aurait pu être fatale. Comme il relève chaque matin les pressions atmosphériques, à l'aide du baromètre que lui a offert Humboldt[22] avant son départ, il est pris par les soldats brésiliens pour un espion qui noterait le plan des fortifications. Arrestation. Interrogatoire, j'oserai dire musclé ! Coups de crosse et mise au cachot : « *Le cachot est au-dessous du niveau de la mer haute,... ne reçoit de lumière que par deux très petites ouvertures, l'une donnant sur la mer, l'autre sur la rue, et toutes deux si bien grillées, que la main pourrait à peine y passer... Quelques planches de chaque côté y servent de lit, et forment avec deux demi-futailles, tout l'ameublement de cet horrible séjour. Il s'y trouvait une vingtaine de prisonniers, vrais squelettes ambulants, nègres ou mulâtres, dont au moins quinze enchaînés, les uns à la ceinture, les autres aux pieds. Ces malheureux m'entourèrent à l'instant pour me faire payer la bienvenue, fort surpris, sans doute de trouver en moi un camarade...en habit noir. Par bonheur, j'avais de l'argent, je leur donnai quelques pièces de monnaie, et l'un d'eux, qui paraissait avoir quelque autorité sur les autres, se fit fort, sur ma demande instante, de me procurer du papier et*

---

22. **Humboldt Alexandre de** (Berlin 1769- Berlin 1859) Esprit universel passionné par toutes les branches des sciences : géologie, minéralogie, climatologie... il accomplit un voyage en Amérique du sud de 1799 à 1804 avec Aimé Bonpland affrontant tous les dangers pour trouver le canal du Cassiquiare qui unit le haut bassin de l'Orénoque à l'une des sources de l'Amazone, phénomène naturel en contradiction avec la réalité ordinaire du partage des eaux. la publication du *Voyage dans les régions équinoxiales* passionna tout le monde scientifique. Le savant fit de nombreux autres voyages en Oural, en Asie, rédigeant ses observations. Les éditions Belin ont publié, en 1988, une biographie de Humboldt par Douglas Botting, traduit de l'anglais par Martine Dupouey.

même de faire parvenir une lettre à qui je voudrais, si je consentais à gratifier la sentinelle voisine, je promis tout ce qu'on voulut. Le papier arriva. J'écrivis de suite au général Muller, au consul français, et comme je ne devais payer qu'en voyant la réponse à ces lettres, j'attendis plus patiemment le résultat de ma démarche[23] ».

Quelques heures encore dans cet enfer mais le naturaliste sera délivré et tancé de ne plus s'éloigner de la ville. Dans la lettre du **1er janvier 1827** publiée dans *l'écho rochelais* du 9 avril 1830, il raconte son aventure de manière assez voisine et ajoute : « *Depuis ce temps, je ne puis voir un Brésilien, sans éprouver une impression pénible ; aussi je m'occupe uniquement des moyens de me rendre à Buenos-Ayres* ». On comprend aisément son mouvement d'humeur et d'ostracisme vis-à-vis des Brésiliens, nous ne saurions en tirer des conclusions.

Le 2 janvier, le naturaliste adresse une lettre à Cuvier lui annonçant un envoi de poissons naturalisés accompagnés de dessins en couleurs[24], en fait, l'envoi comprend 52 poissons, 9 batraciens, et des reptiles : 5 sauriens, un chélonien (tortue), 7 ophidiens dont des vipères colorées dans un baril, certains ont été recueillis à Ténériffe, d'autres à Rio et Montevideo. Mission accomplie pour le Muséum, l'urgence est en effet de rejoindre Buenos-Ayres.

Le passage par terre se révèle très dangereux, on n'échappe pas toujours aux boulets perdus et aux arrestations erronées, c'est pourtant la seule solution. Des familles françaises et allemandes émigrantes souhaitent rejoindre Buenos-Ayres, point de départ de leur nouveau destin. Le naturaliste organise une caravane de quelques charrettes tirées par des bœufs pour remonter le long de l'estuaire du Rio de La Plata. Il est le chef de l'expédition. Les hommes sont armés, les voyageurs sont des proies faciles pour voleurs, mercenaires en quête de subsides de toutes sortes. Malgré le danger, Alcide gardera un souvenir ému de ces haltes du soir autour des feux, les femmes préparant les repas, le tout dans la plus franche cordialité.

---

23. *Voyage*, tome I, p. 51.
24. Biblio. cent. MNHN., Ms 1988, lettre 742.

Dans la lettre qu'il écrira de Buenos-Ayres, le **30 janvier 1827** et qui sera publiée dans *l'écho rochelais* du 30 avril 1830, on lit : « *...Les bords sont ornés d'arbres magnifiques et des fleurs les plus belles. Les perruches, les cardinaux, et une foule d'oiseaux parés des plus riches couleurs, sont si peu craintifs, qu'ils venaient souvent manger parmi nous et se poser sur nos charrettes... Ce voyage me semble n'avoir duré qu'un jour ; je le trouve trop tôt terminé : je n'ai pas dormi deux heures de suite depuis le départ ; cependant je n'ai éprouvé aucune lassitude. Pendant une marche de douze jours, il ne m'est pas parvenu une pensée chagrinante, pas même l'idée des dangers qui nous environnaient ; la nuit lorsque veillant à la sûreté de mes compagnons endormis, j'errais autour d'eux dans la prairie, j'étais heureux ; je pensais à ma famille : le frémissement amoureux des ailes du grillon riverain me reportait sous le toit paternel ; je me rappelais les heureuses années de mon enfance, pendant lesquelles je remplissais la maison de grillons, pour entendre, le soir, le son argentin que savent produire ces petits animaux...* »

Dix jours plus tard, les immigrants et Alcide traversent en barque et sont dans la capitale de la jeune république argentine, la rade est remplie de vaisseaux de guerre et de mille embarcations.

IV - Les Années argentines (1826-1830)

IV - 1 - Vers la province de Corrientes

Le pays est en crise, la ville assiégée par les Brésiliens. Dans ce contexte, le président Rivadavia n'envisage pas de favoriser les projets du naturaliste, alors que ce jeune président avait souhaité moderniser son pays, faisant venir des Européens pour initier des cadres administratifs, il avait même pensé au matériel scientifique. Les lettres de crédit d'Alcide d'Orbigny sont rédigées en *« piastres »* qui se dévaluent chaque jour, elles auraient dû être rédigées en *« piastres fortes »*, c'est-à-dire des piastres d'argent et non de papier. Alcide d'Orbigny ne peut s'attarder dans la ville, il suit les conseils des compatriotes rencontrés, M. Roguin, M. Lacordaire[1].

Il va découvrir la province de Corrientes pendant plus d'une année, ayant en mains, le livre de Félix de Azara relatant son propre voyage de 1781 à 180I et ses observations tant naturalistes qu'ethnologiques dans ces régions-là aux limites mal définies. Nicolas de Azara, le frère aîné de Félix, ambassadeur d'Espagne en France, l'avait fait publier, en 1809, en France avant même l'édition espagnole. Les descriptions incitent le jeune homme à explorer lui-même cette nature foisonnante et colorée.

Dans une lettre du **13 juin 1827**, adressée à Charles-Marie, à La Rochelle, Guérin, ami et entomologiste, écrit : «... *J'ai reçu une lettre d'Alcide et j'ai vu avec plaisir qu'il continuait à se bien porter et qu'il faisait de riches récoltes en histoire naturelle. Il est toujours plein de zèle et ne peut manquer de se faire une brillante réputation en revenant de voyage, du reste une grande partie de la*

1. **Lacordaire Jean-Théodore** (1801 Côte d'Or - Liège 1870) Frère aîné du célèbre prédicateur, il privilégia son goût des voyages et des observations le sciences naturelles malgré des études de Droit à Dijon. Il s'embarqua au Havre en 1825 et fit jusqu'en 1832 quatre voyages en Amérique du sud au Chili, au Brésil et en Guyane et en Argentine où il rencontra d'Orbigny. Il devint rédacteur au Temps en 1832 et fit de nombreux articles pour la très appréciée *Revue des Deux mondes*. Il publia une *Faune entomologique des environs de Paris* en 1835, obtint cette même année la chaire de zoologie à la Faculté de Liège. dont il devint le doyen en 1850.

gloire scientifique doit rejaillir sur un père qui l'a poussé avec tant de succès dans la carrière des Sciences Naturelles et dont le nom, connu depuis longtemps, est pour lui la meilleure recommandation auprès des savants ». Guérin poursuit et ce n'est pas sans intérêt : « *Charles travaille beaucoup,... Dans ce moment il prend des leçons de dessin et son maître lui a procuré un peu d'ouvrage,...tout le temps qu'il peut dérober à ses travaux de dessin, il l'emploie à s'instruire et même à l'histoire naturelle, car il fait une collection d'insectes et s'occupe à apprendre les éléments de cette science....*[2] »

Charles est le frère d'Alcide, il va s'illustrer comme membre actif de la société de géologie et organiser un *Dictionnaire d'Histoire naturelle*. En 1828, Jean-Jacques Audubon, de passage à Paris, le rencontrera et évoquera avec émotion les leçons d'observation et de dessins d'oiseaux des marais avec Charles-Marie.

Dans une lettre[2] du **11 octobre 1827**, adressée aux professeurs du Muséum et annonçant la caisse de fossiles que le dévoué correspondant confie au roulage, on lit, en post-scriptum : « *Permettez-moi de vous réitérez ma prière de me donner des nouvelles de mon fils lorsque vous en aurez* », il s'agit, bien sûr, du voyageur, d'Alcide.

Le 14 février 1827, d'Orbigny avait embarqué ses malles sur un bâtiment à voiles pour remonter le rio Parana, nom Guarani qui signifie *Grande Rivière*. Cette grande voie d'eau de l'Amérique du sud, trois mille kilomètres, coule en partie au Brésil où elle prend naissance dans le massif de Goias. Le cours inférieur sépare l'Argentine du Paraguay. Après avoir reçu le fleuve Paraguay, le Parana forme un large delta qui se poursuit par le Rio de La Plata aux eaux fluviales lourdes de limon mêlées d'ondes salines Le voyageur va rester presqu'un an dans cette province de Corrientes, s'imprégnant du pays et découvrant les Indiens dans leur authenticité, différents des mercenaires oisifs effondrés dans les ruelles du grand port de Buenos-Ayres. L'importance de ce port est telle que les habitants de Buenos-Ayres se nomment des *portenos*, *ceux du port*, il les retrouvera plus tard, au retour.

2. Médiathèque de la Rochelle, Ms 654.f° 46 et f° 17.

Les îles du Parana sont couvertes d'arbres fruitiers introduits par les Espagnols, pêchers et orangers mais leur cueillette et leur exploitation pâtit de l'état de guerre du pays : « *Le Parana de Las Palmas pouvait être, en cet endroit, deux fois aussi large que la Seine en face des Tuileries ; l'eau en était profonde, trouble et de couleur rougeâtre, le courant des plus rapides, et les rives en étaient basses, surtout sur la côte nord-est, où de nombreuses plantes aquatiques ou riveraines bordaient les îles garnies de seîbos, dont les fleurs brillantes, laissant à peine apercevoir quelques feuilles, contrastaient avec la tendre verdure des plantes élevées. Ce verger naturel, dont j'ai déjà parlé, nous accompagnait toujours, et venait étaler à nos yeux sa parure embaumée jusqu'au bord du fleuve, où, de temps en temps, quelques loutres semblaient prendre leurs ébats, disparaissant un instant pour reparaître un moment après, un poisson dans la gueule. Cependant la surface des eaux était sillonnée en tout sens par une multitude de légères hirondelles (hirondelles à queue carrée d'Azara) à qui la grande quantité de moustiques, qui commençaient à obscurcir l'air, présentait une chasse facile, tandis que d'innombrables volées du troupial chopi (Icterus unicolor) couvraient les arbres de leur noir lustré, et faisaient retentir les deux rivages de leur cri, fidèlement rendu par le nom qu'il porte dans la contrée (Chopi). Ce spectacle varié m'enchantait et m'occupait beaucoup. C'était mon premier voyage sur les fleuves. Le patron me tira de mes réflexions, en me faisant remarquer, placées à notre gauche, de distance en distance, des croix de bois, dont chacune marquait, me dit-il, la sépulture de quelque malheureux dévoré par les jaguars*[3] ».

Les jaguars et les moustiques, voilà des ennemis qui harcèleront désormais le voyageur. D'un *riachuelo* à l'autre, ce sont des petits bras de rivières, ils atteignent enfin le large fleuve du Parana lui-même : « *De vives contrariétés domestiques que j'avais éprouvées avant de quitter Buenos-Ayres, m'avaient causé une fièvre latente qui ne me quittait pas. Entièrement privé d'appétit, une volonté ferme me faisait seule agir, en dépit d'une extrême faiblesse, comme si j'eusse été bien portant. Je sentais mes forces s'épuiser peu à peu, et je commençais à n'être pas sans inquiétude, en me*

3. *Voyage*, tome I, p. 90-91.

trouvant éloigné de tout secours, au milieu des pays les plus sauvages, sans autre nourriture que du bœuf salé et du biscuit rongé par les vers. Je n'en allais pas moins mon train ordinaire, me mettant à l'eau tous les jours, sauf à sentir redoubler l'intensité de ma fièvre, et à me coucher, au retour de mes courses. L'exercice de la veille m'avait beaucoup affaibli ; mais pouvais-je résister au désir de voir des objets nouveaux. Je fis cette fois encore ce que je n'avais cessé de faire. Je sacrifiai mon intérêt personnel à celui de la mission dont j'étais chargé ; et, descendu à terre avec mon filet à insectes et mon fusil, fidèle compagnon de mes courses, j'essayai de pénétrer dans l'intérieur. Ce fut en vain. Un grand nombre d'arbres tombés, des convolvulus partout, et des plantes épineuses, hautes de six à huit pieds, opposaient à mon dessein des obstacles invincibles. Des myriades de moustiques compliquaient encore la difficulté. J'eus, en effet, en un instant, toute la figure enflée de leurs piqûres. J'éprouvais des souffrances horribles, déchiré d'un côté, mordu de l'autre, et la fièvre par dessus tout... Le vent du nord continuant toujours, nous restâmes pendant quatre jours à la même place. Je profitai de la circonstance pour étudier à fond la constitution géologique de l'île...[4] »

Le naturaliste se dit plus heureux à la chasse aux oiseaux, il observe dès l'aube, les hérons, râles, martins-pêcheurs. Le râle géant se nomme en guarani *ipacha.* Les oiseaux, dans ces contrées sauvages, ignorent le fusil des hommes, ils ne se sauvent pas. Ce n'est pas sans remords que le naturaliste profite de leur confiance. « *Pauvres oiseaux : me disais-je souvent, en ramassant, sur le sol ensanglanté, le gibier qui venait, en quelque sorte, au-devant de mes coups ; pauvres oiseaux !... Quand la civilisation aura envahi vos rives sauvages, vous ne parcourrez plus d'un pas si léger les méandres de vos marais ! Devenus plus timides, alors, pour vous, plus de repos ! Partout, avec trop de raison, vous soupçonnerez des dangers et des pièges ; et vos mœurs si confiantes changeront, en raison des progrès de vos nouveaux maîtres sur cette terre, encore votre empire. D'après ces réflexions, on s'étonnera que j'eusse le courage de tirer sur ces paisibles habitants des rives, mais, abstraction faite même des*

4. *Voyage*, tome I, p. 98.

intérêts de l'histoire naturelle, le moyen de ne pas chercher à remplacer, par la chair tendre et délicate d'un gibier qui s'offrait de lui-même, les grossiers aliments de notre cantine ! [5] »

Les moustiques rendent les crépuscules et les nuits insupportables, le voyageur est encore à l'aube de son voyage, son enthousiasme est intact quand cesse le bourdonnement infernal : « *Avec quel plaisir on assiste au réveil d'une nature encore vierge, en voyant les acacias et même les mimosées épanouir lentement leurs feuilles au soleil levant. Spectacle enchanté, que le voyageur, de retour de ses courses périlleuses retrace avec transport à son imagination profondément frappée, et qui rappelle involontairement son* ***Olim meminisse juvabit*** *; rattachant ainsi le souvenir des doux travaux de son enfance à celui des travaux plus graves de son âge mûr*[6]. Faut-il voir là, la nostalgie de son aventure américaine lorsqu'il rédige ces pages et donne cet extrait de l'*Eneïde* de Virgile, quelques mois après son retour ?

Lorsque le vent du nord trop violent prend quelque répit, la remontée du fleuve se poursuit avec sa moisson d'observations et de dessins : « *là fourmillent des oiseaux par milliers. Des troupes innombrables de spatules, colorant en rose les rivages des réservoirs naturels, s'opposent aux cygnes d'une éclatante blancheur qui se jouent, au milieu des eaux, avec des centaines de canards de toute espèce. D'un côté, des aigrettes au long cou se promènent gravement sur les rives ; de l'autre, paissent en paix des troupes du grand ibis huppé* [7] ».

Observations et dessins en parallèle à ceux qu'élabore, en Amérique du Nord, le grand ami de son enfance, Jean-Jacques Audubon. Le vent du sud aide les marins et le **15 mars 1827**, le naturaliste arrive à Corrientes. « *Nous passâmes devant plusieurs ports, et nous mouillâmes dans l'un d'eux... En partant pour Corrientes, je croyais trouver une ville, et, en y arrivant, après une si longue navigation, je ne trouvais guère qu'un grand village*[8] ».

Toutefois, après un mois de navigation périlleuse sur le Parana, ce village montre aussi des aspects riants et une petite

---

5. *Voyage*, tome I,. p. 99.
6. *Ibid.*, p. 102.
7. *Ibid.*, p. 106.
8. *Ibid.*, p. 114 et 115.

communauté européenne des plus accueillante. Malgré les difficultés de tous genres, jaguars, moustiques, fièvres, climats contrastés, le voyage d'Alcide d'Orbigny sera émaillé, pendant plus de sept ans, de rencontres amicales, français ou étrangers installés là, fermiers, négociants ou polytechniciens comme Narcisse Parchappe : *« J'allai remettre quelques lettres de recommandation que j'avais pour plusieurs compatriotes établis dans le pays, et qui me reçurent comme un frère... C'est alors, aussi, que je fis la connaissance de M. Parchappe, ancien élève de l'école polytechnique, homme aussi modeste qu'instruit, qui voulut bien, dès ce moment, m'offrir son amitié, et guider mon inexpérience dans le nouveau genre de vie auquel les circonstances m'appelaient. Il me conduisit, avec d'autres Français, chez le gouverneur, et me facilita le débarquement de mes malles, ainsi que l'accomplissement des formalités exigées dans ce pays »*.

Il fait aussi connaissance de M. Bréard qui l'invite pour quelques jours dans son exploitation ou ***Chacra***[9] à trois lieues de la ville et c'est toute une richesse de cultures tropicales qui s'offre, atmosphère de plantations comme celle de son oncle maternel à Cuba ou comme celle qu'eurent les Audubon à Saint-Domingue.

« Nous visitâmes ainsi de beaux champs de cannes à sucre, de coton, de maïs, de patates douces, de manioc, de haricots et de tabac, les seules plantes cultivées dans le canton. Elles paraissaient pousser avec une grande vigueur... Des troupes nombreuses de perruches attendaient, sur les buissons voisins, qu'un instant d'oubli des surveillants leur permît de dévaster des champs de maïs hauts de sept pieds, et ressemblant à des bois, où il était facile de se perdre. Là, toute la journée, des femmes, à qui leurs fonctions ont fait donner le nom de lorreras, (vient de loro ; le perroquet) parcourent, en tout sens, les allées ouvertes entre les plants de maïs, en sifflant, criant ou frappant de manière à faire du bruit, mais, malgré toutes ces précautions, dès qu'elles sont d'un côté, les voraces perruches viennent de l'autre, s'abattre sur le maïs, et ont, en moins de rien, dévoré un épi ». Alcide parcourt les environs *« y recueillant alternativement des insectes, des plantes,*

---

9. On appelle *Chacra* une propriété destinée en partie aux cultures et en partie à l'élevage. L'*estancia* est uniquement consacrée aux troupeaux.

des oiseaux ou des reptiles ; tour à tour préparateur ou peintre, ou naturaliste, ou voyageur, ou géographe[10] ».

M. Bréard parle aussi des sécheresses possibles et des nuées de sauterelles. Non, le paradis n'est pas là. Pendant plusieurs semaines, dans l'agréable compagnie de Parchappe qui fait des relevés pour le gouvernement argentin, le naturaliste va observer villages et grandes exploitations d'élevage avec leurs rites pour marquer les bovins, pour traverser les marais sur des « *pelota* », grande peau de bœuf relevée aux quatre coins et qui va supporter malles et voyageurs.

Les religieux, franciscains, cordeliers ou surtout Jésuites qui justifiaient les conquistadors ont laissé leur empreinte dans bien des usages : « *j'avais entendu ceux qui passaient près de moi, même au grand galop, me crier, en ôtant leur chapeau, la benedicion, senor !...on devait répondre, la tiene usted, para siempre » (vous l'avez pour toujours)*[11]. Les repas partagés dans les fermes consistent surtout en viande sèche ou « *charque* » qui est un nom quichua, elle est coupée en lanières et rôtie sur des charbons. Il faut attendre la fin du repas pour avoir quelques gorgées de lait. Pour le matin, il y a le *mate*, ou herbe du Paraguay, infusion de feuilles réduites en poudre, de l'arbre maté : « *On peut le comparer à notre thé. Il se prépare dans une petite calebasse ou dans un vase d'argent nommé aussi maté ; où l'on met d'abord l'herbe avec du sucre ; puis on verse dessus de l'eau chaude ; et la préparation est achevée, mais, comme la poussière du végétal pourrait être désagréable, on l'aspire plutôt qu'on ne la boit, au moyen d'un tube ou siphon d'argent nommé bombilla... C'est ordinairement , avec le cigare, la première chose offerte à l'étranger qui entre dans une maison*[12] ».

C'est dans ces régions que le naturaliste va découvrir les premiers palmiers, yataï, carondaï... ce sont leurs noms guaranis. Cette famille végétale va le passionner. D'Orbigny découvre aussi la manière très particulière de chasser les animaux, les cerfs par exemple, qu'ont les indigènes avec leurs *bolas* : « *le chasseur est armé de deux ou trois boules en plomb ou en pierre, attachées à*

---

10. *Voyage*, tome I, p. 117-118.
11. *Ibid.*, p. 123.
12. *Ibid.*, p. 127.

l'extrémité d'autant de courroies, qui se réunissent à un centre commun, de manière à former des branches d'égale longueur. Quand il aperçoit le gibier, il lance son cheval au galop, tenant une des boules dans la main droite, tandis qu'il fait tournoyer les autres au-dessus de sa tête. Dès qu'il se croit à portée, il les détache sur l'animal, qu'elles vont le plus souvent frapper, en sifflant dans les airs, et, pour peu qu'elles l'atteignent aux jambes, l'animal est perdu ; car elles l'entortillent, le font tomber, et le chasseur le prend vivant[13] ».

Fig. 9 : Chasseur de gibier utilisant les bolas.
Dessin de Louis-Auguste de Sainson.

Lorsqu'il revient dans la ville de Corrientes, il assiste aux fêtes qui commémorent le début des luttes pour l'indépendance, le 25 mai 1810. Ce **25 mai 1827** commence par 21 coups de canon et des envolées de cloches. Jeux, loterie, valses et contredanses jouées par la musique militaire. Le soir, théâtre et illuminations, à

13. *Voyage*, tome I, p. 129.

l'échelle de ce pays encore jeune dans son identité. La fête est l'écho de celle des anciens fastes espagnols.

Avec son ami Parchappe, le naturaliste part vers le village de San Roque : « *Son curé d'alors était un de ces pauvres moines que le despote Francia avait, quelques années, retenus au cachot et aux fers, dans le Paraguay, par un caprice ; et que, par un autre caprice, il en avait renvoyés, sans avoir jamais eu, peut-être, plus de raisons de les renvoyer qu'il n'en avait eu de les retenir*[14] ».

IV - 2 - Alcide d'Orbigny va-t-il faire libérer Aimé Bonpland ?

Lorsque d'Orbigny avait quitté la France, Aimé Bonpland, (1773-1858) de famille rochelaise, l'ancien compagnon de Humboldt au Venezuela, le précieux jardinier de Joséphine à la Malmaison, était prisonnier de Francia depuis 1821. Après la mort de Joséphine, en 1814, il s'était laissé prendre au mirage des pays neufs où il veut introduire des plantes de l'ancien monde, à l'inverse des tomates, maïs et pommes de terre qui avaient aussi traversé l'océan. Alors que Bonpland, aidé des Guaranis, met en place toute une exploitation agricole près de Santa Ana, en territoire argentin, très proche de la frontière du Paraguay. Etait-ce une provocation ? Quatre cents soldats paraguayens vinrent l'arrêter, incendiant les bâtiments et massacrant les paysans. Emprisonné puis assigné à résidence, l'incroyable Bonpland a de nouveau installé une exploitation, *Le Cerrido*, élevage, arbres fruitiers, potagers, dispensaire, ateliers, où Noirs, Indiens, Métis ou Blancs se côtoient. Bonpland n'en est pas moins privé de liberté.

Le robuste Rochelais est connu dans toute l'Europe, les Anglais envoient des plénipotentiaires, Cuvier, président de l'Académie des Sciences envoie une lettre signée de Jussieu, Thouin, Desfontaines, Humboldt. Ce dernier agit aussi à Berlin, Francia veut être reconnu diplomatiquement par le Vieux Continent. Sans cela, il ne cède pas.

On peut imaginer l'inquiétude de la famille rochelaise et des amis de Bonpland. Etre *otage*, notre temps connaît toujours ce

---

14. *Voyage*, tome I, p. 146. première allusion au dictateur du Paraguay, Francia.

genre de drames. Est-ce ce qui a motivé Charles-Marie à faire publier les lettres de son fils ? Dans *L'écho rochelais* du 15 janvier 1830, on lit dans la lettre d'Alcide, expédiée de Rio le 10 octobre 1826 :

« *J'ai eu une entrevue avec le vice-amiral français, et je suis chargé de porter à Montevideo des lettres pour don Francia, tendantes à retirer du Paraguay notre infortuné compatriote Bonpland* ».

Quelques mois plus tard, ayant toujours le souci de Bonpland, il écrivait : « *..A ce nom de Paraguay, je vois ma mère frissonner, me croire perdu ou au moins en esclavage pour un temps indéterminé, comme notre infortuné compatriote Bonpland, mais mon père, qui connaît le pays, la rassurera. Le Paraguay est séparé du Parana par la province des Missions, et je ne m'approcherai des pays habité qu'autant qu'il y aura de la sûreté !*[15] »

Dans la même lettre, je retiens un extrait tout différent mais qui indique que le naturaliste avait aussi une mission d'évaluation des richesses minérales comme végétales des pays traversés, mission qu'il remplira superbement, en Bolivia, plus tard : « *Le gouvernement de Buenos-Ayres me charge de chercher une mine de charbon de terre ; la houille manque ici ; si je puis en découvrir, je tirerai un grand parti de ma découverte : quelques indices me font espérer d'y réussir* ». Il ne semble pas qu'il y ait une suite.

Revenons à Bonpland. Le même *écho rochelais* publie un extrait d'une lettre du **18 août 1827** écrite de Corrientes : « *Je ne suis ici qu'à deux lieues du Paraguay, et ne m'en trouve séparé que par le fleuve, lorsque je suis à Itaty ; dans mon dernier voyage, je n'étais pas à trente lieues de Bonpland* » (voyez notre feuille du 12 mars dernier, note le journal, mais ce numéro n'a pas été retrouvé dans les archives, un Rochelais trouvera peut-être dans son grenier ce numéro qui ne manquerait pas d'intérêt) « *Il est aux Missions du Paraguay, dans un village d'Indiens, éloigné de la Conception ; il est chéri des naturels, exerce la médecine, et fait valoir une ferme et des distilleries : du reste, il est gardé à vue:*

15. *L'écho rochelais*, du 2 juillet 1830. Lettre de Buenos-Ayres, du 3 février 1827.

aucun espoir de le voir sortir avant la mort de Francia, qui est encore un homme robuste, quoique âgé de soixante ans. Cet homme cruel et féroce fait fusiller le premier venu sous le moindre prétexte : lorsqu'il se promène ou voyage, celui qui le regarde ou ne ferme pas sa porte ou sa fenêtre, est fusillé ; le seul moyen de salut, lorsqu'on se trouve sur son passage, c'est de fuir ou de se jeter la figure contre terre, et de rester dans cette position jusqu'à ce qu'il soit loin ».

Une lettre du 10 juillet 1828 raconte longuement sa tentative pour s'approcher de Bonpland, on peut imaginer comme ce numéro a été lu par les Rochelais :

« *J'ai fait successivement des tournées dans toutes les contrées qui entourent le Paraguay, où le tigre, sous figure d'homme, appelé Don Francia ; inspire la terreur aux plus intrépides ; la crainte d'être fusillé ou détenu n'a pu m'arrêter. Je voulais, à tout prix, communiquer avec notre infortuné concitoyen Bonpland, ne fut-ce que par lettres : j'ai été forcé, après plusieurs tentatives inutiles, de renoncer à ce projet.*

J'avais remonté le Parana dans une légère nacelle, avec quatre Indiens déterminés et bien armés ; je m'étais approché du village qu'il habite, et n'en étais plus séparé que par quelques lieues, lorsque nous fûmes assaillis par les Paragayos, montés sur une grande pirogue ; ils nous poursuivirent longtemps, et ce n'est qu'à la dernière extrémité et lorsqu'ils n'étaient plus qu'à une centaine de pas de distance, que je me décidai à ordonner de faire feu ; quatre coups de fusil dirigés successivement par moi, et autant par mes Guaranis, balayèrent leurs boacs (sic), effrayèrent ceux qui ne furent pas atteints, et nous profitâmes de cet instant de désordre pour nous sauver ; un seul de mes hommes reçut une légère blessure.

Ma seconde excursion ne fut guère plus heureuse... Le neuvième jour, les Paragayos se montrèrent en nombre ; il fallut batailler, et enfin faire retraite pour sauver nos blessés et mes collections ».

Il s'écoulera encore presqu'une année avant que Francia, venu incognito consulter *« Don Amado »* au dispensaire ne voie la richesse de ses réalisations, s'en irrite, l'en expulse, le retienne encore vingt mois sur la frontière et ne le libère vraiment le 2 février 1831.

Le négociant Arsène Isabelle[16] a rencontré Bonpland en décembre 1833 sur la rive brésilienne de l'Uruguay : *« Nous séjournâmes deux mois aux missions allant et venant de San Borja au Piraniti, au confluent duquel était l'excellent M. Bonpland... L'ex-intendant de l'Impératrice Joséphine, le voyageur célèbre, nous accueillit avec une bonté toute paternelle et s'efforça de contribuer, en ce qui dépendait de lui, au succès de nos chasses et nos récoltes zoologiques. Quand nous partîmes de San Borja, M. Bonpland se préparait à se rendre dans la province de Corrientes d'où il devait descendre ensuite à Buenos-Ayres »*.

Le héros pourrait revenir à Buenos-Ayres puis à Paris où il est attendu mais il ne veut vivre que dans ces provinces argentines, cultivant, herborisant et envoyant au Muséum des caisses de collections jusqu'à sa mort en 1858[17].

Le professeur Enric Miret de l'Université de Poitiers est le premier à avoir comparé le corpus des lettres connues dans les numéros de *L'écho rochelais*. avec le texte du *Voyage*. Si, dans l'ensemble, les relations correspondent avec celles que le naturaliste, rentré en France début 1834, fera dans la rédaction du *Voyage en Amérique méridionale*, les tentatives de libération, si hardies, de Bonpland sont à peine évoquées.

A la page 232 du tome 1 du *Voyage*, on lit : « *Le 26 décembre 1827... Nous marchions toujours dans l'espoir d'atteindre le port désiré ; car je supposais que nous n'étions pas loin d'Ita-Ibaté. Vers trois heures le vent se leva furieux ; et, dans la crainte de nous briser sur les pointes de rochers qui se montraient de toutes parts, nous relâchâmes dans une petite baie où il y avait beaucoup d'arbres à goyaves, mais sans fruits ; Le terrain était encore composé de grès ferrifère, de rognons d'hydrate de fer, disséminés, et de géode montrant de très gros rognons d'ocre rouge de la couleur la plus vive. Nous étions très inquiets, sans nous communiquer nos craintes, et nous gardions le*

---

16. Isabelle Arsène, *Voyage à Buenos-Ayres et à Porto Alegre*, Le Havre 1835, p. 402. Ce périple est fait dans un but de prospection commerciale mais Arsène Isabelle, homme éclairé de son temps, manifeste aussi une curiosité scientifique, posant aussi un regard humaniste et anti-esclavagiste sur les pays traversés.

17. Foucault Philippe, *le Pêcheur d'Orchidées*, Seghers, 1990. Trystram Florence, *Aimé Bonpland en Argentine*. Ouvrage du C.T.H.S. déjà cité, 1995. p. 227-234. Hossard Nicolas, *Aimé Bonpland*, L'Hamarttan, 2001.

plus morne silence. Mes gens craignaient d'avoir dépassé les possessions de Corrientes, et, d'être entrés sur celles de Francia. Mon vieux compatriote voulait toujours aller de l'avant, dans l'espoir de rencontrer des tronçons de cèdre, charriés par le Parana, des parties montueuses des Missions. Pour moi j'avais entrepris ce voyage pour faire de l'histoire naturelle et de la géographie, mais j'en pouvais tout aussi bien faire ailleurs ; la captivité de mon compatriote Bonpland, dont alors je n'étais séparé que par le fleuve, ne me souriait pas du tout. ...Nous voguâmes ainsi jusqu'à dix heures, moment où la violence du vent nous contraignit à relâcher. Alors toute gaîté disparut...

Je me croyais certain d'être au-dessus d'Ita-Ibaté, et je ne voyais devant moi d'autre perspective que celle de me battre avec les Paraguays... je laissai l'un des rameurs à la pirogue, et j'allai, avec l'autre, reconnaître le pays. Après avoir franchi un marais où nous avions de l'eau jusqu'à la ceinture, je gagnai la côte élevée. Je me rendis à la première maison et je croyais être à Ita-Ibaté ; mais le propriétaire me dit que ce lieu se nommait ***Barranqueras*** *(les falaises) ; que j'étais à trois lieues au-dessus d'Ita-Ibaté, et qu'à peu de distance j'aurais rencontré la première garde du Paraguay, heureux de me trouver en lieu sûr, quoique si près du danger ».* Force est de constater que les faits des lettres citées plus haut ne s'y retrouvent pas. La *partie Historique du Voyage* citée, est publiée à partir de 1835, en livraisons. Bonpland libre depuis 1831 a peut-être déçu ceux qui avaient œuvré pour sa libération en ne rentrant pas en France. L'actualité passe vite, les otages, libérés ou non sont oubliés. Ce n'est qu'une suggestion.

IV - 3 - Joies et souffrances au bord du Parana

***Corrientes, 18 août 1827*[18].**

Lettre d'Alcide à Adolphe Brongniart.

« Monsieur et ami,

Vous avez sans doute eu maintenant les Plantes que j'ai envoyées au Muséum dans mon envoi de Montevideo, la plupart je les ai eues en double pour vous mais l'embarras de trouver par qui les adresser m'a empêché de vous les envoyer. Depuis j'ai recueilli

18. Biblio. cent. MNHN., Ms 1970 /808.

la série complète de tous les gymnospermes et graminées du Pays que j'ai parcouru et des phanérogames remarquables soit par leur utilité dans le commerce ou autrement ou par leurs fleurs car il m'est impossible de prétendre vouloir avoir quelque chose de complet, d'ailleurs le papier me manque en ayant beaucoup perdu dans mon voyage par eau de Buenos-Ayres à Corrientes... Dans chaque plante j'ai mis le nom guarani, le nom espagnol et la description de leurs milieux d'habitation... »

Le voyageur décrit ensuite les palmiers qu'il admire ; le Pindo, le Carondaï et le Yataï. Il demande ensuite à son ami d'assurer M. Brongniart de ses soigneuses collectes de géologie. Les deux pages sont remplies. Il ajoute dans la marge : *« Veuillez m'écrire pour me faire trouver moins long mon exil volontaire et croire à mon amitié sincère »*. La signature Alcide Dessalines d'Orbigny est très élégante. La lettre est arrivée à Paris, le 15 février 1828, selon le timbre apposé.

En **décembre 1827**, Alcide d'Orbigny poursuit l'exploration du fleuve en compagnie d'un Français qui fait commerce de bois précieux, le soir tombe : « *Nous passâmes sur l'autre rive, sur une langue de terre qui se prolongeait entre un bois et un lac. Là, nous dûmes, à coups de couteau de chasse, abattre les arbustes pour déblayer le terrain et le rendre propre à nous recevoir. La nuit était venue, et il nous fallut souper debout, marchant toujours, parce que l'air était obscurci par les moustiques, qui, sans le mouvement continuel d'un mouchoir, nous eussent dévoré la figure. Après avoir mangé, tout en maudissant ces lieux, nous cherchâmes à prendre quelque repos sur un cuir que nous étendîmes à terre ; et nous nous couchâmes, nos fusils à côté de nous. Mon vieux compatriote fut bientôt endormi, quoique sa figure fut couverte de moustiques. Moi et les deux autres (les rameurs) nous n'y pouvions résister sans moustiquaire. Nous avions déjà la figure et tout le corps horriblement enflés. Je me relevais à chaque minute, le seul moyen de se garantir du fléau étant de se tenir toujours en mouvement ; puis je me recouchais, épuisé de fatigue, dans l'espoir constamment trompé de goûter enfin quelque repos, et je me relevais encore... Toujours en vain. L'implacable ennemi semblait, à chaque instant, redoubler de fureur. Une fièvre ardente me dévorait ; je me sentais presque fou.*

Je regardais sans cesse ma montre, pour compter les heures de mon martyre ; et plus d'une fois, je l'avouerai, en proie à des tourments dont on ne peut se faire une idée, je promis de revenir le lendemain sur mes pas et renoncer au voyage. A cet état d'exaspération succéda un état d'affaissement tel, que je m'assis et souffris, dès lors, sans remuer davantage, parvenu, sans doute à cet état de souffrance qui en ôte le sentiment et dans lequel se trouvaient aussi peut-être, mes compagnons d'infortune, quand, à la distance de six à huit pas, j'entendis le rugissement d'un jaguar. Je me levai, de suite, en saisissant mon fusil. Les ténèbres étaient profondes et je n'en vis que mieux les yeux étincelants du monstre. Le voir, l'ajuster et tirer, fut l'affaire d'une seconde, peut-être. Un second rugissement plaintif suivit mon coup de fusil, et l'animal disparut[19] ».

Fig. 10 : Felis Geoffroyi.
(*Voyage*, tome III, *A*tlas des Mammifères.)

Les jours suivants, il n'affronte que tonnerre et déluge, nous sommes le **25 décembre 1827** : « *Je cherchais à considérer ma position du côté le moins sérieux, en me demandant ce que mes amis de Paris diraient du pauvre naturaliste ainsi trempé jusqu'aux os par amour pour la Science ? La pluie dura toute la journée... Le 26 décembre nous vidâmes la pirogue ; nous fîmes tous nos préparatifs de départ et nous pûmes enfin allumer un peu*

19. *Voyage*, tome I, p. 223.

de feu, pour faire cuire deux canards, qui nous restaient seuls de toutes nos provisions et qui furent bientôt dévorés ; après quoi nous continuâmes notre voyage. Comme nous n'avions pas de rechange sec, il fallut nous sécher au soleil, dont les doux rayons nous eurent bientôt rendu le bien être et la joie[20] ».

Le 1er janvier, le naturaliste a une pensée pour les vœux que l'on s'échange en Europe puis il part vers un bois de palmiers, les Yataï : « *Je retrouvai aux palmiers tout le charme qu'ils avaient eu pour moi à la première vue, d'autant plus qu'alors ils étaient animés par la présence d'un grand nombre d'oiseaux*[20] ».

(Juin 2000, Photo R. Borredon)

Fig. 11 : Palmiers de la région de Corrientes. (proche du rio Santa Lucia.)

Il était alors l'hôte de M. Chauvin, qui, après une vie agitée de marin, était venu se marier à Corrientes et coulait des jours paisibles surveillant ses champs de tabac, maïs, canne à sucre, manioc...

En **mars 1828**, d'Orbigny quitte Corrientes pour explorer à l'ouest du Parana, la plaine du Grand Chaco où vivent à l'état presque sauvage des tribus à peine touchées par la colonisation

20. *Voyage*, tome I, p. 231 et 240.

espagnole qu'ils combattirent avec pugnacité : les Tobas, Les Bocobis, les Lenguas... Peu sédentarisés, ils vivent en hostilité entre eux et envers le gouvernement de Corrientes. Avec leurs flèches, penchés vers la rivière, ils guettent les poissons. Les singes hurleurs leur sont un mets de choix, ils chassent aussi une sorte de rat pour sa peau, ils en font des vêtements et vendent aussi ces pelleteries aux *Correntinos*. Le naturaliste initie une œuvre d'ethnologue dans une approche de leurs coutumes qu'il relatera dans un ouvrage qui est toujours une référence *L'Homme américain*, ce qui désigne, les premiers habitants de cette terre sud-américaine. Les langues ont des affinités avec le Guarani, témoignant des migrations des peuples indiens avant ou après la conquête espagnole, ce qu'il remarque très judicieusement. On lui raconte comment, sous le prétexte de mariages entre de belles indiennes et les soldats espagnols, on organisa un massacre, horrible carnage prévu le jour de l'Assomption, sorte de Saint-Barthélemy que les Espagnols commémorèrent chaque année comme une victoire. Certes, les Indiens ne furent pas en reste pour se venger. Alcide écrit : « *On ne peut s'empêcher de reconnaître que, si les nations américaines ont été parfois féroces, elles étaient souvent excusables, puisqu'elles défendaient leur sol natal, et, surtout, leur liberté ; tous motifs bien nobles, assurément, et bien propres à expliquer des excès que justifiait presque leur manque de lumières. Les Espagnols n'ont pas trop le droit de se plaindre de la haine mortelle que ces nations leur ont vouée ; car, assurément, en beaucoup de circonstances, ils se la sont attirée par des crimes affreux, et par des parjures non moins coupables envers des êtres que, pour pallier leur perfidie, ils affectaient, quelquefois, de regarder comme au-dessous de l'humanité*[21] ».

Lorsque cette partie du voyage est rédigée, on est dans les années 1836, encore loin de la suppression de l'esclavage proclamée en 1848, l'astronome Arago, un des militants de cette cause, était membre de la Société Géologique et l'une des espèces de palmiers portera le nom de Victor Schoelcher.

21. *Voyage*, tome I, p. 297.

Les premiers fossiles

La mission première du naturaliste est celle des collectes. Alors qu'il est, le **6 mai 1828**, sur le cours supérieur du Parana, il écrit : « *Je me dirigeai sur les falaises où l'on fait de la chaux. J'étais impatient d'observer les couches qui servent à cette exploitation, et plus encore de recueillir les fossiles que je savais y rencontrer ; en effet, ces falaises sont élevées de plus de deux cents pieds au-dessus de l'eau. Elles se composent d'une couche de 100 pieds de grès friable, contenant beaucoup d'huîtres et de peignes, sur laquelle repose un banc de calcaire grossier ou chaux carbonatée, la couche exploitée pour faire de la chaux ; puis le grès recouvre encore cette couche, jusqu'à ce qu'on arrive au sol supérieur.*

Je recueillis avec avidité les fossiles que je rencontrais ; car c'étaient les premiers que je trouvais en Amérique[22] ».

(Juin 2000, Photo R. Borredon)

Fig. 12 : Vue du Parana à Corrientes.

22. *Voyage*, tome I, p. 327.

Départ de Corrientes

A la **mi-avril 1828**, Alcide d'Orbigny quitte Corrientes définitivement, il descend le Parana avec diverses embarcations, transbordant avec crainte les malles de dessins, notes et collections de plantes, insectes, fossiles, animaux préparés. Il négocie la dernière partie de la navigation avec un corsaire : « *c'était un petit sloop armé de deux canons sur pivot, et monté de vingt cinq hommes d'équipage, tous Italiens, ainsi que leur capitaine et ressemblant assez à ces brigands, si bien décrits dans les romans, à cette classe d'hommes disposés à tout faire, pour un peu d'argent ; en un mot ils ne m'inspiraient pas confiance*[23] ».

Après avoir payé trois cent piastres, le naturaliste fait transporter ses collections et ils partirent à la voile dans la nuit sombre. Ils arrivent enfin à ***Las Conchas*** au milieu de nombreux navires accostés là. De là, le naturaliste loue des charrettes pour rejoindre Buenos-Ayres, à six lieues de là, où il arrive le **30 mai** avec son précieux chargement. « *Je vis sur la gauche, le bourg de San Fernando, ou le port del Tigre, qui se dessine au-dessous de la falaise ; et, plus loin, celui de San Isidro. La route est partout habitée. Ici des pulpérias ou auberges la garnissent ; là, s'étend un village entouré de vergers. Partout se voient des Gauchos à cheval, à l'air rébarbatif, au regard insolent et scrutateur. Je passai le village de Los Olivos, et j'aperçus les clochers de la capitale argentine, dans laquelle j'entrai quelques instants après, ayant employé quarante-deux jours pour un trajet qui se fait ordinairement en quinze ou vingt*[24] ».

Le voyageur ne fait qu'une brève description de la ville qui a souvent été décrite, faisant allusion à l'ouvrage de Vidal[25]: « *Buenos-Ayres, vue de la Plata, a quelque chose d'imposant : la rive s'anime d'un mouvement rapide, dû, soit au débarquement des marchandises par des charrettes à hautes roues, qui vont très*

23. *Voyage*, tome 1, p. 475.
24. *Voyage*, tome 1, p. 480.
25. *Picturesques Illustrations of Buenos-Ayres and Monte-Video*, paru à Londres, en 1820, avec les scènes typiques aquarellées à premier plan : Une riche famille créole et de simples marchands d'eau, a été reprise dans toutes la main. La vue de Buenos-Ayres, particulièrement réussie, avec les personnages au les publications ultérieures, y compris celle du *Voyage* de d'Orbigny.

avant dans l'eau chercher les ballots dans les allèges qui les apportent de la rade extérieure ; soit à la présence des blanchisseuses, placées sur le tapis vert de la côte, du côté du nord ; soit encore à ces nombreuses charrettes hautes comme des maisons, roulant sans cesse en lignes au bas de la falaise ; et tout cela atteste une grande activité de commerce[26] ».

Dans les lettres que le naturaliste envoie à sa famille, il fait moins état de ses souffrances et découragements que dans la relation de voyage qu'il écrira avec ses souvenirs et ses notes de voyage que nous ne possédons malheureusement pas. Nous citons plus bas quelques lignes de la lettre du **10 juillet 1828,** expédiée de Buenos-Ayres, publiée dans *L'écho rochelais* du 17 décembre 1830, écart de temps époustouflant, ce journal donne aussi des détails qui ne manquent pas de pittoresque pour les lecteurs du troisième millénaire ; les horaires de départ de Rochefort et de Saintes du bateau à vapeur *L'Hirondelle*. M. Samuel Francfort du magasin *A La Renommée* annonce : « *la livraison de mérinos, de bonbazin, de soieries de Florence, de buratin, de shalls de cachemire, casimir...* » Le journal publie aussi la fin de la longue lettre du 10 juillet 1828 : « *Malgré les plus grandes fatigues et des privations presque continuelles en tout genre, ma santé ne s'est pas du tout altérée : je crois même qu'elle s'est fortifiée ; je n'avais pourtant le plus souvent dans mes courses que de l'eau croupie pour me désaltérer, et pour aliments du maïs rôti et de la chair de cheval séchée au soleil (le charque) et jetée un instant sur le feu. Presque tout le jour à cheval, dormant sur la terre, lorsque je pouvais trouver un lieu sec ou sur des arbres dans les marais. Jamais il ne m'est venu à l'esprit de me plaindre de mon sort, et je fredonnais sans cesse le refrain chéri de mon père,* ***Gaieté Sœur du Courage****. Mon voyage m'a produit plus de trois cents espèces d'oiseaux, près de cent espèces de mammifères ; une grande quantité de mollusques terrestres, fluviatiles et fossiles ; beaucoup de poissons et de reptiles ; plus de mille espèces d'insectes ; des plantes, des minéraux... J'ai fait des dessins et des descriptions de tout ce qui m'a frappé ou que j'ai cru nouveau ; j'ai levé les plans du Parana et de ses îles sur plus de trois cent lieues de son cours ; de la province de Corrientes et d'une partie du Chaco ; enfin j'ai*

---

26. *Voyage*, tome I, p. 501.

pris des notes sur les mœurs, les coutumes et le langage des peuples que j'ai visités, et je me trouve très heureux d'avoir pu conserver tout cela ».

Un chien l'accompagne depuis plusieurs mois, sorte de chien-loup roussâtre à la crinière noire dressé pour sentir la présence des jaguars, présence dévouée et chaude qui ne le quittera plus. C'est *Cachirulo*, un nom guarani.

Dans une volonté de tout embrasser du pays, sa réalité naturelle mais aussi son économie, le voyageur nous renseigne sur ce que transportent les navires dans ce trafic continuel entre Corrientes et Buenos-Ayres : « *Les marchandises consistent principalement en draps anglais et français, surtout en ces derniers, parce qu'ils sont meilleur marché ; en flanelles de toutes couleurs, qui servent à faire ou à doubler les ponchos, ou à fabriquer des chilipas ; en indiennes, et particulièrement en petites robes de mousseline, à broderies vertes ou rouges, de fabrique anglaise ; en toutes sortes de tissu de coton ; en quelques soieries et rubans ; en beaucoup de quincailleries ; en armes, outils ; en vins, sel, comestibles et farines ; en chapeaux de laine, etc...*[27] »

Le dictateur du Paraguay ouvre parfois ses ports, faisant savoir qu'il veut du maté et des cuirs tannés, les *Correntinos* saisissent l'opportunité mais envoient dans les petites barques plates des hommes parlant très bien le guarani, pour que les gardes de Francia ne les soupçonnent pas d'être de Buenos-Ayres. « *Il m'a fallu apprendre la langue des Guaranis qui est à peu près la seule en usage. Je m'étais attaché à ces bons Indiens Guaranis ; en les quittant, j'ai cru m'éloigner d'une famille adoptive, et je me rappellerai toute ma vie les heureux jours que j'ai passés parmi eux... Je les ai toujours trouvés obligeants, hospitaliers, sobres, courageux, infatigables, remplissant scrupuleusement leurs moindres promesses, prêts à sacrifier même leur vie pour défendre ceux qui leur font du bien : c'est à leur amitié, à leur dévouement, que je suis redevable d'avoir surmonté bien des obstacles et échappé à plusieurs dangers, sans eux inévitables* ». (lettre du 10 juillet 1828)

27. *Voyage*, tome I, p. 345.

Comme tout Européen, le naturaliste était considéré comme *« docteur »*, sollicité, il pouvait donner de judicieux conseils comme il avait vu faire son père. Les Indiens, d'abord étonnés de sa quête passionnée et incessante de végétaux et d'animaux l'aidèrent dans sa recherche, les plus ardents étant les enfants.

Buenos-Ayres, le 16 septembre 1828.

« *Vous ne devez pas être surpris de ne pas recevoir d'envois fréquents. Ce pays ne saurait, d'aucune manière, être comparé à ceux d'Europe, ni même au Brésil, Guyane ou Mexique, où des ports s'offrent sur les points de la côte et facilitent l'embarquement pour la France. Il n'y a ici que le port de Buenos-Ayres, encore devient-il nul, parce que les Portugais le bloquent depuis 1825. Et puis, j'étais à 300 lieues dans l'intérieur. Là, les communications sont très rares et présentent peu de sûreté* ». (lettre du 16 septembre 1828 de Buenos-Ayres, publiée 15 mois plus tard dans *L'écho rochelais*)

Alcide résume son itinéraire le long du Parana, son séjour autour de Corrientes ; « *ma bonne étoile m'a sauvé des tigres, des Paraguayos qui voulaient me faire aller trouver le pauvre M. Bonpland au village de Santa Maria, des flèches des Indiens du Chaco et surtout dans le Parana où je faillis, à 40 lieues de Buenos-Ayres, perdre la vie et le produit d'une année de recherches, par les mains des cruels Portugais. Près de Saint Pedro, ils brûlèrent deux navires, non loin de celui sur lequel j'étais monté* ». Force-t-il les dangers encourus dans une lettre adressée à sa famille déjà inquiète ? sûrement pas. Il ajoute encore : « *Au moment de clore ma lettre, le paquebot anglais vient d'arriver et d'annoncer que la paix est signée par l'empereur du Brésil, ce qui va sans doute faire cesser le blocus de Buenos-Ayres et me permettre, avant une quinzaine de jours, je l'espère de vous annoncer mon envoi* ». (vers l'intérieur pour rejoindre le Chili)

La préparation de son départ et l'envoi des collections ne l'empêche pas d'avoir un regard aigu sur les rapports économiques de Buenos-Ayres avec l'Ancien Monde : « *Si l'on jette un coup d'œil comparatif sur le commerce des étrangers avec Buenos-Ayres, on verra que les Anglais tiennent le premier rang, et qu'à l'époque dont je viens de parler (1822) ils en faisaient presque six fois plus que nous ; proportion qui ne s'est pas toujours soutenue.*

Le commerce de France a beaucoup augmenté, sans doute, depuis, mais il ne peut encore rivaliser ni avec celui des Anglais, ni avec celui des Américains (du nord). Il faudrait, je crois, chercher la cause de cette différence dans la crainte des capitalistes français, ou dans le peu de persévérance des armateurs, qui veulent gagner 25 % dès le premier voyage d'un navire ; tandis que les marchandises qu'il porte sont peu au courant des besoins de la place, ou tout au moins mal choisies ? Une seconde expédition serait plus profitable ; mais il est rare qu'elle ait lieu, et le négoce se rebute dès la première tentative ; tandis qu'en persévérant il réussirait[28] ». Jugement d'économiste qui montre une vision large des réalités. Cette opinion rejoint celle d'Arsène Isabelle, ce négociant du Havre, déjà cité : « *La plupart des navires allant à Porto Alegre sont des Américains du Nord, des Brésiliens, des Italiens et quelques Anglais. On voit de temps à autre un navire français venant de Marseille ou de Bordeaux, mais il est rare qu'ils fassent de bonnes affaires, parce que les cargaisons sont mal composées, les articles de mauvais goût, mal assortis ou ne convenant point au pays. C'est du port de Marseille, surtout, que sortent les expéditions les plus extravagantes, les plus mal calculées... Leurs vins, leurs salaisons sont d'une qualité détestable*[29] ».

La Médiathèque de La Rochelle, dans le dossier Ms 654, folio 156 possède une lettre de **Guérin**, un autre de ses amis fidèles :

« *à Monsieur Alcide Dessalines d'Orbigny*
Voyageur du Roi de France Au Chily » *(sic)*
Paris, 1er septembre 1828

Mon cher ami,
Nous profitons du départ pour le Chily de Monsieur Lacordaire qui vous connaît, pour vous donner des nouvelles de vos amis et pour vous apprendre que nous n'avons pas reçu un mot de vous

28. *Voyage*, tome I, p. 520.
29. Isabelle Arsène, *Voyage* déjà cité p. 499. Les dernières pages du livre, p. 539-578, développent davantage ces remarques et la nécessité pour la France de reconnaître l'indépendance de ces pays d'Amérique du sud, liant en cela, les intérêts commerciaux, fraternels et politiques.

après Corrientes il y a plus d'un an. Nous pensons bien que vous n'avez pas été tout ce temps sans nous écrire, mais il est probable que vos lettres se sont égarées et que par la même raison vous n'avez pas reçu les nôtres. Nous espérons tous que celles-ci auront plus de bonheur, l'ami Lacordaire ayant assuré qu'il vous la ferait tenir d'une manière ou d'une autre ». (il y avait donc d'autres lettres, nous ne les avons pas et le Muséum pensait alors qu'il allait bien accomplir sa mission au Chili.)

« Les choses sont toujours les mêmes ici et ma position n'a pas du tout changé surtout le prospectus que je mets dans cette lettre vous fera voir que je ne m'endors pas et que je suis à la veille de me tirer d'affaires si cette entreprise réussit comme j'ai tout lieu de l'espérer. Alors je me trouverai indépendant d'une classe de gens faux que vous connaissez bien et si j'ai du ***vil métal,*** *les places me pleuvront.*

Ma femme et mon fruit mâle se portent très bien et me chargent de les rappeler à votre souvenir, l'une du moins car vous ne pouvez vous souvenir de celui qui était encore dans le ventre quand vous êtes parti. Tout le monde désire vivement votre retour ou au moins de vos nouvelles. Comment vont les choses ? Vous devez être bien riche en histoire naturelle. Si les circonstances vous le permettent vous feriez bien de faire un bel envoi au Muséum, cela augmenterait beaucoup la bienveillance qu'on y a pour vous. Vous pouvez être sûr d'y être bien soutenu par M. Geoffroy et son fils et par M. Cuvier. Comme je ne vois presque pas les autres, je ne puis vous dire rien sur eux.

Adieu mon cher ami, je vous embrasse du cœur et souhaite bien que vous receviez ces lettres - de mon côté j'attends avec bien de l'impatience de vos nouvelles qui tardent bien à arriver et qui nous combleraient cependant de joie - encore une fois adieu, croyez à la bonne et sincère amitié de votre dévoué.

Guérin ».

Si on pense à la retenue qui est généralement de règle à cette époque, comment ne pas être ému par ces chaleureuses marques d'amitié qui s'étaient renforcées pendant les quelques mois qu'Alcide avait passé au Muséum. On devine aussi les tensions, les mesquineries, les rivalités qui existent dans cette assemblée de professeurs et assistants du Muséum, à l'instar de toute société humaine ordinaire !

Je ne sais quel prospectus accompagnait cette lettre mais les modèles de *Céphalopodes microscopiques* étaient en vente chez Guérin, rue des Fossés Saint-Victor, N° 14 et aussi au N° 15, même rue chez Charles-Henry. Ce prospectus-là, que nous possédons commence ainsi :

« Quoique le jeune naturaliste, auteur de cet ouvrage, se trouve encore dans l'intérieur de l'Amérique, cependant, grâce aux soins de son frère, les livraisons qui le composent continuent à être livrées aux amateurs dans un bel état de conservation. Les modèles ont même immensément gagné en pureté ; les moules ont été perfectionnés...

Son Altesse Royale Monseigneur le duc d'Orléans et un grand nombre de savants ont déjà souscrit à cet ouvrage, que l'Académie royale des sciences de Paris a reconnu être d'un haut intérêt, et sur lequel elle a fait un rapport des plus avantageux ».

En 1828, le duc d'Orléans n'est pas encore Louis-Philippe.

De Buenos-Ayres, le naturaliste voudrait rejoindre le Chili par les Pampas et « ***le pas de la Cumbre*** » échancrure de la Cordillère des Andes, mais les guérillas incessantes le lui interdisent. Il décide de rejoindre en contournant le continent, c'est-à-dire en passant par le cap Horn. Auparavant, il va explorer la Patagonie pendant huit mois, à partir du fort d'El Carmen. Narcisse Parchappe part à Bahia Blanca, entre Buenos-Ayres et El Carmen, il confiera plus tard au naturaliste la relation et les dessins de son expédition pour que le récit du *Voyage en Amérique méridionale* soit plus complet. Le **30 octobre 1828**, avec une écriture pleine de paraphes élégants, Alcide conte à Adolphe la belle moisson botanique qu'il a fait à son intention et son enthousiasme de partir pour la Patagonie. Il en sait les dangers mais il a déjà su échapper aux Paraguayos de Francia[30]. Un mois plus tard, il a expédié plus de 50 espèces de mammifères et 250 espèces d'oiseaux à **Isidore Geoffroy Saint-Hilaire** au Muséum auquel il adresse cette lettre[31] conservée également au Muséum de Paris :

---

30. Biblio. cent. MNHN., Ms 1970/309.
31. Idem. Ms 2092.

« Faites moi le plaisir de m'écrire ce que vous pensez de mon envoi, d'une manière sincère et sans me flatter. Vous pourrez adresser vos lettres par le Ministère des Affaires Etrangères sous le couvert du Consul Général de France à Buenos-Ayres, ce dernier me les fera parvenir où je serai. Je pars le 3 décembre pour aller parcourir toute la Patagonie. Je sens d'avance que ce voyage sera fructueux et pourra enrichir le Muséum et nos notes d'une foule d'espèces de carnassiers amphibiens et d'autres mammifères et oiseaux inconnus. Les animaux invertébrés me sont comme vous le savez bien plus familiers, aussi j'espère les fêter dans ce voyage qui, du reste, est le plus dangereux mais le plus intéressant. A mon retour, je vous parlerai de Messieurs les Patagons ».

IV - 4 - Huit mois en Patagonie

Après un premier départ sur une goélette qui allait se charger de sel en Patagonie, *« commandée par un capitaine de mince apparence »,* c'est l'ensablement et le retour à Buenos-Ayres. Nouveau départ, et arrivée à El Carmen, modeste poste militaire sur le Rio Negro, **le 7 janvier 1829**.

Un pilote guide le bâtiment dans l'embouchure, la marée provoque une barre difficile à passer. *« Nous sortîmes bientôt de la passe fatale, et la joie fut générale. Dès lors, devenu observateur, je ne m'occupai plus que d'examiner cette terre nouvelle, théâtre actuel de mes recherches. Il faut être possédé du démon des découvertes pour sentir cette extase, ce bonheur indéfinissable, qu'éprouve le voyageur en abordant un sol qu'il a longtemps désiré d'explorer*[32] *».*

« Au sud de la rivière, je vis quelques maisons couvertes de chaume, et ce qui me plut bien davantage, ce fut d'apercevoir, au milieu de la campagne, des groupes de tentes ou toldos de diverses tribus d'Indiens amis, presque toutes les nations Patagones ou Tehuelches ou des Puelches ; nations dont je n'avais entendu parler que vaguement à Buenos-Ayres, et sur lesquelles les voyageurs et les historiens ne sont pas d'accord... l'idée d'être dans un pays neuf pour la Science, le désir de voir des objets

32. *Voyage*, (partie Historique) tome II, p. 16.

nouveaux m'empêchèrent de dormir... Dès les premiers rayons de l'aurore, je me levais[33] ».

Les combats de la Banda Orientale ont fait fuir bien des Européens vers cette ville d'El Carmen, ils y mènent une vie agréable qui surprend le naturaliste : « *le 11 janvier au soir, j'allais passer la soirée chez M. Alvaro (négociant français). Il s'y trouvait un Allemand, que j'eus le plaisir d'entendre exécuter, sur le piano, avec des variations charmantes, l'Ouverture de Robin des Bois, de Weber, si fort à la mode, lors de mon départ d'Europe ; de plus, des morceaux d'opéras allemands, le tout rendu avec beaucoup de goût et une excellente méthode. J'étais, depuis bien longtemps, privé des airs connus dans ma patrie ; aussi ne pouvais-je m'en rassasier. Qui croirait en France que, dans le malheureux village d'El Carmen, ...il y a plusieurs pianos, et qu'on y joue des airs européens. Ce luxe momentané est encore une suite de la guerre. A Buenos-Ayres, une maison n'est pas « comme il faut », quand elle n'a pas son piano ; mais en Patagonie il eût été permis de s'en passer, si le hasard n'avait pas fait trouver ces instruments sur des prises de corsaires. Je n'aurais, d'ailleurs, entendu que des valses ou des contredanses espagnoles, si cet Allemand ne se fût pas trouvé là. Il était venu comme matelot à bord d'un de ces navires capturés : c'était une des victimes de ces embarquements forcés, faits à l'occasion des différents politiques ; il était instruit, et ne se trouvait nullement à sa place. Je revins chez moi fort content de ma soirée, mais beaucoup trop occupé des souvenirs de la patrie, que la musique m'avait rappelés*[34] ».

La musique ? On peut avancer, sans grand risque d'erreur, que Marie-Anne, mère du naturaliste jouait du piano ainsi qu'Estelle, sa sœur aînée. Ce qui est sûr, c'est que Charles-Marie appartenait à la *Société Philharmonique* de La Rochelle, fondée en 1815, dont le but était d'entretenir et perfectionner le goût de la musique. L'examen du programme d'activités révèle de très nombreux concerts donnés au bénéfice des *indigents* de la ville, en particulier à l'automne 1830 afin de *les aider et célébrer à la fois*, des détails révélateurs. Retournons à El Carmen de Patagonie.

33. *Voyage*, tome II, p. 17.
34. *Voyage*, tome II, p. 20.

D'Orbigny y fait des préparatifs pour aller plus au sud :

« *Il me fallait des chevaux et des vivres ; il est vrai que j'avais borné ceux-ci à un baril de biscuit et à un petit baril d'eau de vie, comptant acheter de la viande sur l'estancia de la baie de San Blas. Mon bagage se composait de trois malles, dont deux pleines d'instruments, d'objets de préparation et de munitions de chasse. Je n'avais point emporté de lit pour le diminuer d'autant, me résignant à coucher par terre pendant toute l'expédition, ou à prendre, comme les habitants du pays, ma selle pour lit et pour oreiller, et mes ponchos pour couverture. Je voulais m'aguerrir aux privations, afin de pouvoir entreprendre quelque voyage que ce pût être.*

J'ai déjà dit que la baie de San Blas est distante du Carmen de vingt cinq lieues ; mais ce que je n'ai point dit encore, c'est que le trajet a lieu par un véritable désert, dans lequel on chercherait vainement de l'eau pour soi, pour les chevaux et les bœufs ; aussi, afin que les animaux fournissent plus facilement la traite, a-t-on coutume de la faire en partie dans les ténèbres. Il fut, en conséquence, décidé que le départ aurait lieu le lendemain soir, et qu'on marcherait tout la nuit. La lune brillait d'un vif éclat, augmenté par la pureté d'un ciel sur lequel se détachaient les belles constellations de l'hémisphère austral[35] ».

Le naturaliste admire la splendeur des ciels constamment balayés par la violence du vent. Le froid le plus vif succède aux chaleurs suffocantes. Le 2 février, profitant d'une accalmie, il part à la chasse et tue un renard et un tatou qu'il prépare pour le Muséum.

---

35. *Voyage*, tome II p. 25-26.

Fig. 13 : Tatous.
(Gravure du *Voyage pittoresque*)

Le Muséum lui avait recommandé des spécimens de phoques et lions de mer, le massacre obligé le désole. Depuis 1815, les eaux ne sont plus chasse réservée aux Espagnols, les bateaux anglais, français, nord-américains pourchassent sans répit ces énormes animaux sans défense, pour l'huile et le cuir. C'est le carnage sans distinction des sexes ou de l'âge de ces paisibles mammifères marins : *« la plage était couverte, sur plus de soixante pas d'étendue, d'un sang noir, qui, versé par les phoques, était arrivé jusqu 'à la mer, et l'avait rougie sur une assez grande surface. J'éprouvai un moment d'horreur pour cette boucherie, surtout en me rappelant de quel courage il avait fallu m'armer, pour me décider à tuer de pauvres animaux presque sans défense, dont le regard si doux semblait me demander la vie ; tandis que je me croyais obligé de leur donner la mort, dans l'intérêt de la science*[36] ».

Une page plus loin, il poursuit : « *En m'approchant du mâle pour le faire écorcher, je remarquai que toute la côte était couverte de poissons, de l'espèce d'athérine connue dans le pays sous le nom de peje-rey (poison-roi) ; ceux-ci avaient été attirés par le sang, et ils étaient si nombreux qu'il eût été difficile, en donnant un coup de sabre dans l'eau, de n'en pas blesser quelques-uns. C'était un nouveau genre de pêche, auquel mon domestique prit grand plaisir, tandis que j'étais occupé avec les deux Gauchos, plus habiles que moi, à écorcher mon grand phoque*[37] ». Alcide a sûrement une pensée vers ces jours où avec son père et son frère, ils sortaient du sable les baleines des échouages anciens, enfin décomposées, dans la baie de l'Aiguillon.

Le naturaliste s'enfonce vers le sud du continent où on rencontre les guanacos, richesse de ces peuples qui en échangent les peaux et les nandous, autruches sud-américaines.

Alcide prend encore le temps d'une excursion à la saline naturelle *d'Andrès Paz* pour une récolte miraculeuse d'insectes piégés par la saline blanche, araignées, scorpions, hannetons et grenouilles qui étaient la provende des flamants roses. Il recueille de très beaux cristaux croisés de gypse, des macles que M. Brongniart présentera chaque année à son cours de minéralogie et encore visibles dans la galerie du Muséum.

Pour chaque peuple, le voyageur étudie les mœurs, les langages et effectue des mesures de leur taille avec une précision qui ne pourrait être autre de nos jours. Pour répondre aux légendes qui voulaient que ces *« Patagons »* soient des êtres vraiment différents, nains ou géants, il s'assigne à un rigoureux calcul statistique pendant plusieurs mois. La taille moyenne est de 1,673m, ce qu'une approximation visuelle aurait pu affirmer mais le naturaliste travaille en vrai scientifique, preuves à l'appui. Il étudie avec autant de rigueur leurs habitudes, essayant de comprendre leur vie rude dans un climat sans nuance. Les Patagons étaient restés rebelles à la domination espagnole qui leur avait

36. *Voyage*, tome II, p. 54.
37. *Voyage*, tome II, p. 55.

refusé l'intelligence. Alcide s'inscrit en faux contre cette assertion. Les Patagons ont donné aux constellations le nom d'ancêtres, si on ne nomme pas, on ne peut parler des choses et les transmettre. Pour se guider sous un ciel étoilé, tous les peuples sumériens, grecs ou autres ont nommé étoiles et figures cosmiques, une manière d'apprivoiser la voûte céleste. *«Les Patagons ont, à peu de choses près, la même religion que les Puelches et les Aucas... ils ont une divinité qui châtie et récompense en même temps ; ils croient, de plus, à une autre vie, où ils goûteront la suprême félicité... ils vont sur une autre terre, où ils retrouveront tout ce qu'ils possédaient sur celle-ci. De là est venue la coutume de tuer sur la tombe d'un mort tous les animaux qui lui ont appartenu, et d'enterrer avec lui, tout ce qui a été à son usage, ...ils croient qu'ainsi ils paraîtront avec dignité sur cette terre où ils auront, de plus, tout à profusion*[38] ».

Je ne peux m'empêcher en lisant ces lignes de penser aux tombes à char de l'Europe à l'âge du bronze ou aux armées enterrées des tombes de la Chine des Han. (soldats de terre cuite ayant remplacé les vraies victimes toutefois)

De retour à El Carmen, le naturaliste se trouve impliqué dans un combat entre Indiens et colons, il se voit obligé d'assurer le coup de feu. Il quitte la région, saisissant l'aubaine d'un bateau partant pour Buenos-Ayres. Il n'y trouve que les derniers termes d'une guerre civile amenant la dictature de Rosas qui durera plus de vingt ans. Comment accomplir sa mission pour le Muséum dans ces conditions. Il faut encore fuir, vers Montevideo cette fois avec l'espoir d'un passage vers le Chili par le Cap Horn.

IV - 5 - Le passage du cap Horn

« Je pars demain pour Montevideo et de là sur un navire pour le Chili...Mes amitiés à MM. Audoin, Brongniart, Guérin...Je ne peux leur écrire faute de temps[39] ». La lettre adressée à Isidore Geoffroy Saint-Hilaire est du **4 décembre 1829**. Montevideo est la

38. *Voyage*, tome II, p. 90.
39. Biblio. cent. MNHN., Ms 2092.

capitale de l'état tout neuf : l'Uruguay. Alcide y retrouve avec joie d'anciennes connaissances après les longs mois inoubliables passés en Patagonie et les combats tragiques à El Carmen. Il se distrait même en allant deux fois au spectacle, on joue, en traduction espagnole, *La Mère coupable* de Beaumarchais...

Le voyageur écrivait aussi à M. de Férussac avec lequel il s'était initié à l'observation des animaux marins.

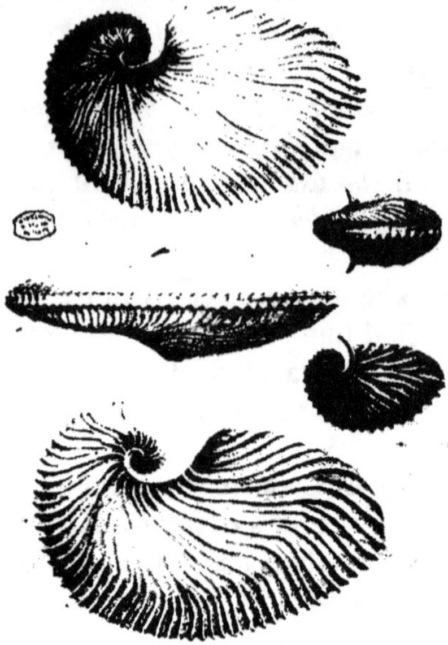

Fig. 14 : Dessin de l'argonaute fait par Alcide d'Orbigny pour M. de Férussac. (vers 1825)

Le baron publie quelques-unes de ces lettres dans son *Bulletin*[40]. Par le jeu des numérotations, on peut constater bien des pertes de courrier de part et d'autre. Les faits sont assez semblables au récit du *Voyage*, les récoltes des échantillons scientifiques sont privilégiées. Le naturaliste laisse percer ses doutes et ses inquiétudes pour le retour : *« L'on donne quelquefois la croix d'honneur en France à celui qui profite des travaux des autres, ou à celui qui a, pour tout travail, à donner une vingtaine de*

40. *Bulletin des Sciences Naturelles et de Géologie*, sous la direction du baron de Férussac. Volume XIX, 1829. Paris, p. 218.

signatures par jour, et des pensions à ceux qui font encore moins ; et qui sait si, après autant de fatigues, après avoir abrégé mon existence, avoir sacrifié mon existence, avoir sacrifié six années de ma vie dans l'intérêt des sciences naturelles, je ne dois pas compter sur une indifférence parfaite de la part de mes compatriotes ? Souvent cette réflexion m'est venue au milieu des déserts, dans les instants où, mort de fatigue et exténué de soif, j'étais obligé de faire 6 à 7 lieues pour rencontrer de l'eau, et, pour me délasser, la terre seule pour me reposer. Mais le lendemain matin, tout était oublié, mon parti était pris, et je recommençais avec zèle mes recherches, me disant que du moins j'aurai acquis des matériaux pour publier pendant toute ma vie. » Souvent, il se répète la devise qu'enseignait Charles-Marie à ses enfants : ***Gaieté, prudence, patience et courage.*** La correspondance poursuit, dans un autre registre : « *Veuillez annoncer à M. le duc de Doudeauville que j'ai acheté l'équipement complet de combat des indiens Pampas et Tehuelches ou Patagons des bord du rio Negro,... »*

Il décrit encore l'élégant costume des femmes, mante tissée, bijoux d'argent et les peintures du visage, il termine avec humour : « *...vous aurez une beauté digne d'être présentée aux Tuileries un dimanche d'été »*. Plus sérieusement, c'est ensuite la longue énumération de toutes ses récoltes, flore et faune, et la mention des vocabulaires de langues indiennes.

La Catalina, au pavillon russe et à l'équipage espagnol est en rade de Montevideo. Le bâtiment a déjà beaucoup vécu. Nombre d'émigrants européens hésitent à confier leur vie à un tel navire. D'Orbigny le visite avec un capitaine ami, celui-ci pense que le bâtiment supportera encore un ultime voyage surtout en été, nous sommes dans l'hémisphère austral.

« Je m'embarquai le 26 décembre, et le lendemain matin nous mîmes à la voile[41]*... Jamais dans aucune traversée je ne vis autour des navires autant de poissons, de dauphins et autres cétacés, qu'il s'en offrit autour du nôtre, j'en étais étonné, mais plus tard, j'en appris la cause. Il paraît que la doublure en cuivre ne permettant pas aux différentes plantes, coquilles ou polypiers de s'y attacher, tous les animaux des hautes mers s'en éloignent, d'où il résulte qu'à bord des navires doublés on n'en voit presque point,*

41. *Voyage*. tome II, p. 323.

tandis qu'on en aperçoit beaucoup autour de ceux qui ne le sont pas. Tous les jours de beau temps, du 43ème au 59ème degré de latitude sud, nous eûmes le spectacle réellement amusant de troupes variées de dauphins, les uns noirs, les autres blancs, d'autres avec quatre taches blanches sur du noir venant jouer autour de nous, tantôt c'était une énorme baleine franche... deux troupes de baleines, composées chacune de plus de cinquante individus. Toutes ensemble paraissaient à la surface, et lançaient des jets d'eau qui retombaient en pluie.... »

Le voyageur reste souvent sur le pont avec son chien, laissant son imagination se perdre dans les formes fantastiques des nuages. Seuls pèlerins de ces falaises habillées de vent, les cormorans, les pétrels, les pélicans, les albatros, les manchots bavards. Le 13 janvier, apparaissent les hauts pics neigeux de la Terre de feu. La partie la plus délicate de la navigation commence dans le dédale des îles et archipels. Dès le 14, une tempête gigantesque secoue le navire. A la hâte, on cargue les voiles, on abaisse les mâts, les vents se jouent des cordages et des haubans. Des trombes d'eau déferlent par-dessus bord. La cabine de d'Orbigny, sorte de cabane élevée sur le pont, est la proie des vagues. Que vont devenir les notes, les écrits, les croquis ? *« Je vis de suite, à la faible clarté d'une lampe, ma malle qui contenait tous mes écrits et mes dessins, transportée et roulée par les eaux. En un instant pouvait s'anéantir le travail de plusieurs années...Après une longue lutte, jeté que j'étais de côté et d'autre avec les eaux par le roulis, je parvins enfin à tirer au milieu des chaises et des tables, ma précieuse malle, et profitant d'un instant favorable, je l'enlevai avec bonheur et la plaçai dans mon lit, et me cramponnant... Le 15 enfin, le vent, quoique contraire, devint moins fort. Je pus reconnaître mes pertes, qui se bornaient à quelques livres, mes papiers importants ayant été préservés par les boîtes en fer blanc, où je les avais enfermés*[42] *».*

D'autres tempêtes se succèderont, le capitaine peu expérimenté récite son rosaire et impose maigre trois fois par semaine, la température *estivale* a des maxima de 7 degrés.

Les premiers sommets de la Cordillère des Andes apparaissent et enfin Valparaiso, le **16 février 1830**. Valparaiso,

---

42. *Voyage*, tome II, p. 323 et p. 328.

clef des relations commerciales sur le Pacifique. Va-t-il trouver le repos et accomplir sa mission de naturaliste du Muséum ?

Valparaiso n'est pas le lieu du *« paradis »* (paraiso en castillan). Une révolution vient d'y éclater, la rade est encombrée d'une multitudes de navires de toutes nations mais aussi de frégates de guerre. Chez M. Lezica, négociant de Buenos-Ayres et correspondant des étrangers, Alcide va trouver une lettre très chaleureuse de Claude Gay[43], et lui répond :

« ...vous avez bien voulu m'écrire et les détails que vous me donnez de votre voyage en Patagonie lorsqu'on connaît votre zèle et votre instruction on ne peut s'étonner des heureux résultats de vos voyages, » ....Claude Gay écrit dans quelles conditions périlleuses, ils accomplissent leur mission : *« je me rappelle encore de la merveilleuse idée que je me fis à Paris lorsque j'en sortis pour explorer cette contrée, il me semblait que j'allais tout vaincre, tout dévorer, même le Chili avec les cordillères, mais lorsqu'à mon arrivée, je vis le danger qu'on courait de s'éloigner de la ville et quelques mois après, toutes ces révolutions qui rendirent tous ces dangers encore plus réels, c'est alors qu'avec M. Bertero nous riions de ces bons et crédules parisiens qui nous engageaient de parcourir cette république en zigzag en commençant par le nord et surtout de n'oublier aucune montagne, vraiment il faut avouer que ce sont de bons enfants*[44] *»*.

Claude Gay poursuit en mentionnant qu'il a recueilli plus de 2000 objets dont 634 sont déjà dessinés et coloriés. Avec M. Bertero, il a nommé une petite plante *« Orbignia »*, il l'engage à le rejoindre dans la capitale de Santiago.

Partageant les frais d'un cabriolet avec un Italien une once d'or soit 85 F l'aller, Alcide arrive à Santiago où il est l'hôte d'un négociant français, M. Bihourd, qui vint même au devant de lui sur son cheval. Il va aussi retrouver Claude Gay. *« Dans mes*

---

43. **Gay, Claude** (Draguignan 1800-Draguignan 1873), Envoyé par le Muséum, il va rester au Chili, suivant les armées qui pourchassent les tribus indiennes, jusqu'en 1835. Il publiera une *Histoire Physique et Politique du Chili* en 30 volumes et 333 planches, et sera admis à l'Académie des Sciences en 1856.
44. Médiathèque de La Rochelle, Ms 654. F° 153.

promenades, je gravis un jour, avec M. Gay, une montagne plus élevée, située bien en dehors de la ville, et d'où je pus admirer les beaux jardins qui entourent Santiago, en faisaient non seulement une grande ville de commerce, mais encore une ville des plus agréables comme habitations[45] *».*

Le naturaliste rencontre M. Rivaguero et le général Don Pio Tristan, agents secrets péruviens du général de Santa Cruz. Le Haut-Pérou des Espagnols a pris le nom de ***« Bolivia »*** en l'honneur de Bolivar, Andrès de Santa Cruz, pionnier de l'Indépendance, ami des sciences, invite le naturaliste.

Le **25 mars**, de Valparaiso, il fait un envoi important au Muséum : 67 oiseaux, 64 poissons, 15 reptiles, des cétacés, des mammifères dont des rongeurs (les maras, les cabiais). La Bibliothèque du Muséum national possède les quatre feuillets décrivant cette expédition[71] Il faut imaginer tout le travail de préparation de ces animaux, des heures de labeur minutieux, délicat, dans des conditions qui ne sont pas celles d'un laboratoire.

Le consul général de France, M. de Laforêt « *me communiqua une lettre du général de Santa Cruz, qui me fit arrêter de suite mon itinéraire. Ce généreux Président de la République, ami des sciences et de sa patrie, recommandait instamment à M. de Laforêt de m'engager à me rendre dans son beau pays pour y rechercher des richesses naturelles jusqu'alors ignorées* ».

Le pays est ruiné par les luttes pour l'indépendance, il a besoin de conseils éclairés.

M. de Laforêt avait-il l'aval de la France, avait-il grande liberté de décision ? La Bolivie n'était pas dans la mission première d'Alcide. Ce dernier a-t-il suivi son goût de la découverte, les régions ignorées sont fascinantes. Le Muséum n'envoie plus de subsides. Trouve-t-on un peu trop d'indépendance à ce fils de Charles-Marie ? Il va aimer Bolivia, il y restera longtemps. Dès mai 1827, il avait demandé au Muséum une prolongation de trois années de sa mission pour visiter le Haut-Pérou où aucun naturaliste n'était encore allé[46].

---

45. *Voyage*, tome II, p. 343.
46. Arch. Nat. A. J./15/558.

V - Pendant ce temps-là à Paris

Tandis qu'Alcide quittait le Chili pour rejoindre *Bolivia,* comme il écrira toujours le nom de ce pays qui le sollicite et qui restera cher à son cœur, des évènements importants se déroulent à Paris dans une effervescence qui gagne tous les domaines.

Le 25 février, ce fut la première représentation du drame de Victor Hugo, *Hernani* dans le chahut que l'on sait. *La Bataille d'Hernani* est une date de l'histoire du théâtre. Peu après, sans autre rapport qu'un besoin de liberté, le 17 mars 1830, à huit heures du soir, comme des conspirateurs, une quarantaine de personnes se rejoignent, 5, rue Jacob, à Paris au local de la *Société Philomatique*. Cette digne société avec sa belle devise *« Etude et Amitié »* a senti la nécessité dans la mise en commun des connaissances qui était son objet, de séparer les disciplines. L'accroissement des découvertes et des nouvelles théories sur la structure de la Terre, le nombre de plus en grand de fossiles d'animaux disparus, découvertes initiées par Cuvier... bref, à l'initiative d'Ami Boué, est fondée **« La Société Géologique de France »**.

La Société Géologique de Londres avait eu une consécration officielle dès 1826. L'exploitation des mines, plus précoce qu'en France, avait mis les ingénieurs devant ces entrailles de la Terre avec des structures et des traces fossilifères qu'on voulut comprendre. Des géologues français, Constant Prévost, Desnoyers, Bertrand Geslin avaient été fort bien accueillis par leurs homologues anglais comme Sedgwick. Les statuts de la société sont assez semblables à ceux de Londres. Le nombre des membres est illimité, français et étrangers, son objet : ***« contribuer aux progrès de la géologie, et favoriser spécialement en France l'application de cette science aux arts industriels et à l'agriculture »***.

Les archives départementales du Calvados[1] possèdent le manuscrit du discours prononcé dans l'assemblée préparatoire, ce 17 mars, par Antoine Passy, préfet de l'Eure, passionné de géologie : ***« ...les réunions libres sont le besoin d'une époque dont un esprit d'association et d'expansion est le caractère,***

1. Arch. Départementales du Calvados, cote P. 6032.

époque remarquable par de nombreuses applications des Sciences aux progrès de la civilisation et à son bien-être matériel. » Nous sommes dans l'esprit du développement économique et de la modernisation qui caractériseront les premières années libérales de la seconde Restauration.

Citons quelques membres, nous en connaissons déjà quelques-uns : Les professeurs Cordier, Alexandre Brongniart, de Blainville, Félix de Roissy, Bertrand Geslin du Muséum de Nantes, Arcisse de Caumont de Caen, déjà membre de la Société Linnéenne comme la plupart, Arago, Fleuriau de Bellevue, le baron de Férussac, Charles-Marie Dessalines d'Orbigny comme médecin et correspondant du Muséum, le comte Razoumovski de Vienne en Autriche, Sedgwick de Cambridge, Requien d'Avignon... Cette clause de nombre illimité peut nous surprendre mais les sociétés savantes, encore peu nombreuses fonctionnaient comme des Académies et les membres alors limités à 40. Les rassemblements ne devaient pas excéder vingt et bénéficier d'une autorisation. Ce 17 mars, nous pouvons gager que la chute de Charles X, qui ne sait qu'être dans la tradition du monarque absolu, est souhaitée, attendue, imminente.

Après *les Trois Glorieuses,* Charles X a abdiqué et depuis le 9 août, Louis-Philippe est *Le Roi des Français,* il n'y a eu que changement de monarque, la Société doit se présenter au Roi, ce qu'elle fait dès le 25 :

« Sire, pour devenir florissantes, les sciences ont besoin de liberté. Animés du désir de se rendre utiles en propageant le savoir quelques hommes, qui ont consacré leur vie à l'étude, ont cru pouvoir atteindre leur but en fondant une société sur des bases nouvelles. N'admettant aucun privilège, ils ont appelé indistinctement tous les hommes de tous les rangs, de tous les états et de tous les pays, qui, prenant quelque intérêt à la science qu'ils cultivent, voudraient contribuer à ses progrès [2] ***».***

La réponse du Roi n'a pas le même souffle universel, elle est plus pragmatique :

« Je reçois avec beaucoup d'intérêt l'expression des sentiments de la Société Géologique... le but que vous vous êtes proposé est éminemment bon et éminemment utile ; vous pouvez

2. *Bulletin de la Société Géologique F.*, tome I. 1830.

compter que je protègerai tous vos efforts. Il serait à désirer que les puits artésiens se multiplient, il est important de répandre l'eau en abondance, et répandre l'eau sur la terre c'est aider à la fertiliser ».

L'exploitation des eaux souterraines commencée en Artois, était effectivement d'actualité. La lecture des *Comptes-rendus* des séances qui sont bimensuelles montre l'ampleur des sujets d'étude et de réflexion. Dans la séance du 21 février 1831, Ami Boué[3] déclarait : « *...Depuis Cadix à Saint-Pétersbourg, du fond de l'Ecosse en Grèce, un seul esprit semble animer les peuples, et surtout les générations de la jeunesse. Les limites politiques, la différence de langage et de mœurs tout est plus ou moins effacé et tend à s'évanouir tout à fait. Nous sommes tous les enfants de l'Europe, quoique sous un soleil différent et sous des gouvernements divers...* »

Le 9 janvier 1832, Charles-Henry d'Orbigny, le jeune frère d'Alcide est agent de la société, fonction rémunérée qu'il accomplira pendant quatre ans avec un dévouement et une compétence que la société soulignera. Il termine des études de médecine et sa part active aux soins lors de l'épidémie de choléra qui va décimer Paris dès le mois de mars, lui vaudra de recevoir la Grande Médaille d'Or de la Ville.

« *Les Gaulois ont-ils chassé l'hyène et le rhinocéros ?* » lit-on dans le bulletin du 30 janvier 1832. ainsi que : ***« On attend impatiemment des renseignements sur les volcans des Andes qu'on escompte par la parution de l'ouvrage : Voyage aux***

3. **Boué, Ami.** Né à Hambourg en 1794 d'un père armateur et d'une mère d'origine alsacienne, orphelin à 16 ans, il étudie la médecine, la géologie et la botanique à Edinburgh mais aussi à Berlin et à Vienne. Il fit de nombreux voyages en Turquie qu'il étudia en géologue. Il resta toujours correspondant de la Société de Géologie, souhaita faire une carte de la géologie du globe terrestre et devint membre de l'Académie des Sciences à Vienne, en Autriche, en 1849 où il s'installa. Citoyen européen avant la lettre, je dirai même citoyen universel, il mourut en 1881 à Voslaü, en Autriche. Nérée Boubée donne un *recueil d'itinéraires pour servir de guide aux minéralogistes, aux conchyologistes et aux géologues, dans toute la France*, accompagné d'un *bulletin de nouveaux gisements pour toutes les parties de l'histoire naturelle.* C'est dire que la « Géologie » a maintenant sa place dans le paysage scientifique.

régions équinoxiales de Humboldt et Bonpland et les faits que rapporteront l'anglais Pentland et Alcide d'Orbigny que l'on sait présentement dans ces régions ». En mai, Louis Cordier lit des extraits de lettres reçues de Victor Jacquemont, alors en mission en Inde.

La Société proposait chaque automne des *« Séances Extraordinaires »* dans une région ; celles de septembre 1832 se déroulèrent entre Caen, Bayeux et May-sur-Orne, organisées de main de maître par Arcisse de Caumont. Il avait distribué à chaque personne la carte géologique de Normandie qu'il avait déjà établie. L'épidémie de choléra avait empêché la participation de plusieurs membres. Le 5 novembre de cette même année, le géologue écossais Charles Lyell (1797-1875) a envoyé son ouvrage *Principles of Geology*; Fleuriau de Bellevue donne neuf mémoires dont un sur *Les Lignites de l'île d'Aix*, un autre sur la *Géologie des buttes de Saint-Michel en l'Herm.* L'*Essai sur les plantes du Golfe de Gascogne,* et particulièrement celles de la Charente inférieure a été envoyé par Charles-Marie d'Orbigny.

Nous reviendrons plus loin sur cette société dont le naturaliste-voyageur sera membre dès son retour en France. Charles-Henry et Alcide seront souvent membres du conseil d'administration de cette société qui va connaître un remarquable essor. Pour l'heure, nous le retrouvons en Bolivie[4].

4. Voir la carte du trajet bolivien, p. 226.

VI - Les années boliviennes (1830-1833)

VI - 1 - Découverte des Cordillères et de La Paz

Un bâtiment prussien le conduit au Pérou. D'Orbigny voit l'épais guano, fientes sèches accumulées par les innombrables oiseaux marins, qui se déposent sur les falaises, source de nitrates qui fertilisent les terres du monde entier, richesse pour les Péruviens si *El Nino* ne fait pas de caprices. Le navire fait une escale à Cobija qui était alors le débouché sur la mer de la Bolivie, un port en voie d'installation. C'est avec l'émerveillement d'un regard d'artiste qu'Alcide passe les trois jours de navigation qui le mènent à Arica : « *c'étaient, près du navire, de nombreux poissons qui s'élançaient tous ensemble à un ou deux mètres au dessus de l'eau et retombaient ensuite présentant presque, dans leur élan parabolique, l'aspect d'un arc en ciel, par l'éclat de leurs écailles, qui reflétaient mille couleurs aux rayons du soleil*[1] ». Le naturaliste débarque à Arica, plus proche des terres intérieures boliviennes. « *Le **27 avril 1830**, enfin je foulais ce sol antique du Pérou, la terre classique de l'ancienne civilisation de l'Amérique méridionale*[2] ». D'Arica, fondée au XVIe siècle par les Espagnols, en même temps que La Paz, il rejoint Tacna où il loue mules et muletiers pour franchir la Cordillère « *je m'élançais vers les régions élevées des Andes, et combien je me promettais de découvertes*[3] ». La Bolivie l'attend. la Bolivie était *Le Haut-Pérou* des Espagnols, c'est là, en particulier à Chuquisaca (Sucre aujourd'hui) que commença, en 1809, la lutte contre l'oppression coloniale. Après quinze années de luttes, la première assemblée constituante de la nouvelle République proclama l'indépendance le 6 août 1825, cette date est toujours l'occasion de la fête[4]. D'abord nommée *République de Bolivar*, puis Bolivie en hommage au *Libérateur* qui l'appelait *ma fille préférée*, elle eut Bolivar et José Antonio de Sucre comme premiers présidents mais c'est le général

---

1. *Voyage*, tome II p. 355.
2. *Ibid.*, p. 356.
3. *Ibid.*, p. 370.
4. Le 6 août 2002, a eu lieu la prise de fonctions du nouveau Président de la République, élu quelques semaines plus tôt.

Andrès de Santa Cruz qui est président depuis 1829. Il ne renie pas ses ancêtres Incas.

Le séjour bolivien sera fort différent de l'épopée argentine. Les altitudes andines comme les vallées tropicales réservent au naturaliste des découvertes, des émerveillements mais aussi des difficultés sans nombre. Il sera intrépide et courageux. Très éloigné de l'Europe, il n'a plus que rarement la possibilité de confier courrier et collections pour rejoindre des navires. Charles-Marie ne confie plus aucune lettre à *L'écho rochelais*, le duc de Rivoli n'assume plus son mécénat, le Muséum n'envoie plus ses subsides. Passée de 6 000 F à 8 000 F, l'allocation s'était pourtant révélée trop modeste pour la location des chevaux, des mules, le passage sur les bateaux, l'indemnisation des indigènes, et simplement sa survie. Tout au long du voyage comme tout au long de sa vie, le savant se débattra dans les soucis financiers. L'invitation de Santa Cruz se présentait comme une aubaine.

De Tacna, Alcide envoie une lettre[5] à Alexandre Brongniart, le **10 mai 1830**, l'écriture est très appliquée pour écrire à ce maître.. « *En passant à l'ouest des Cordillères je ne retrouvai plus un bassin bien circonscrit où les couches se sont déposées lentement- partout les terrains bouleversés par les anciens volcans s'affirment de toute part, je ne rencontrai plus une couche sur l'autre et alors j'avouerai que je ne me sens pas capable d'expliquer les révolutions qui causèrent ces bouleversements...* » On a là, un exemple de toutes les discussions qui vont agiter le monde des géologues. Géologie, l'histoire de la Terre que l'on découvre, d'hypothèse en hypothèse, géologie, mot qui s'impose et remplace *géognosie* comme l'employait encore Brongniart, lui même, en 1813 dans son tableau des époques de la planète. Dans la marge de la lettre du voyageur, le professeur a noté la réception de vases chiliens qu'il a placés dans les collections, il est aussi directeur de la Manufacture de Sèvres.

C'est en Bolivia que d'Orbigny va approfondir ses connaissances des peuples indiens en parcourant longuement les régions de missions, c'est là aussi qu'il va rencontrer la trace des civilisations disparues, aymara, inca. Avant d'atteindre La Paz, il

5. Biblio. cent. MNHN, Ms 1970. n° 310.

remarque les *Chullpas*, pyramides de terre, tombeaux des anciens Aymaras, le nom est d'ailleurs Aymara. « *Jusque-là dans mes voyages je n'avais trouvé aucune trace d'antiquité : rien qui remontât au-delà de l'époque ; aussi éprouvai-je une véritable sensation de bonheur en rencontrant dans la même journée, les Apachetas, les pierres sculptées, les Chullpas. C'étaient au moins des monuments historiques, des signes certains que l'homme un peu civilisé avait existé sur ce sol. La position des Chullpas est parfois très pittoresque. Les anciens indigènes révéraient le soleil comme l'image visible du dieu Pachamamac. Ils croyaient dès lors placer leurs parents morts dans la direction la plus convenable, en les exposant sur les pointes des rochers qui, les premières, recevaient, dans la vallée, les rayons de l'astre fécondateur, pour qu'en entrant dans l'autre vie, ils pussent immédiatement contempler le soleil* [6] ».

Au début des passages périlleux, il remarque des petits monticules de pierres, *les Apachetas*, chaque Indien y ajoute une pierre ou une feuille de coca ou autre pour remercier le Dieu invisible qui le protège. A l'autre bout de la terre, sur les sentes himalayennes, par exemple, on trouve aussi ses repères. Le naturaliste va découvrir les effets de l'altitude, masquant provisoirement dans son esprit l'enchantement des hauts pics enneigés : « *Je sentais, de plus en plus, se manifester les vives atteintes de la raréfaction de l'air, un très violent mal de tête, un grand embarras dans la respiration ; mes muletiers, leurs bêtes, et jusqu'à mon chien, mon fidèle Cachirulo, étaient obligés de s'arrêter tous les vingt à trente mètres, pour souffler, tourmentés qu'ils étaient comme moi du* ***Soroche****, qui ne m'empêcha pas de faire de l'histoire naturelle. Après bien des fatigues, nous atteignîmes le sommet de la dernière côte : je me trouvais enfin sur la crête de la Cordillère* [7] ».

De la Cordillère aux plaines chaudes du bassin amazonien, la surface représentait alors près de quatre fois la France, le naturaliste va y passer trois années. « *J'avais au sud le village du Tacora, l'un des plus élevés du monde, puisqu'il est à 4 344 m. Je*

6. *Voyage*, tome II, p. 375.
7. *Voyage*, tome II, p. 378.

voyais au dessous de moi, à une lieue de distance, son humble chapelle, et ses dix ou douze maisons d'indigènes, occupées seulement par des pasteurs de lamas, aussi paisibles que les régions glacées qui les entourent. Je vis les premières troupes de vigognes, qui, par dix à douze, paissaient près de nos mules sans paraître effrayée ces animaux, jadis si communs, sont aujourd'hui peu nombreux, et finiront par disparaître entièrement. Rien ne peut les cacher au milieu des vastes plateaux. Depuis que le commerce a mis un prix à leur belle fourrure, on en fait une chasse...mais les spéculateurs, moins prévoyants que les anciens Incas, ne se contentent pas de les tondre, ils les tuent et les écorchent, vendant leur peau avec leur fourrure [8] ».

Le voyageur poursuit son chemin gravissant et descendant les ravins dans l'air rare et glacé : « *Quoique je souffrisse de la raréfaction de l'air, je passai la soirée à préparer les animaux tués depuis deux jours et à faire aux environs une excursion géologique. Je vis pour la première fois, dans les falaises trachytiques, des viscaches, espèce de mammifères voisins de nos marmottes, mais ayant de longues oreilles et une longue queue, vivant dans les trous de rochers et grimpant avec une agilité extraordinaire, même contre les parois les plus escarpées* [9] ».

Le vent violent dessèche la peau, les indigènes portent un masque de tissu, le voyageur ne retrouvera la souplesse de sa peau que dans les vallées tropicales des *Yungas*. « *A mes pieds le plateau bolivien, ...je voyais briller, par-dessus les hautes collines qui le circonscrivent, quelques parties des eaux limpides du fameux lac Titicaca, berceau mystérieux des fils du soleil. Au-delà de cet ensemble imposant, un cadre sévère, formé par le vaste rideau des Andes découpées en pics coniques représentant tout à fait une sierra. Au milieu de ces sommités s'élèvent le* ***Guaina-Potosi*** (à 6088 m), ***l'Illimani*** (à 6439 m), *et l'****Ancumani*** *ou* ***le Vieux Blanchi par les Ans****, comme le nomment poétiquement les indigènes* [10] ». Le voyageur s'arrache à sa contemplation et rejoint sa troupe près des prairies où paissent lamas et alpacas.

---

8. *Voyage*, tome II, p. 381. Aujourd'hui, les vigognes sont protégées.
9. *Ibid.*, p. 384
10. *Ibid.*, p. 389.

(Juin 2000, Photo R. Borredon)

Fig. 15 : Vue de l'Illimani, 6439 m.

Arrivée à La Paz

C'est enfin l'arrivée à La Paz où on attend *el gran botànico francés*. Sur un haut plateau de plus de 3600 m d'altitude, bordé par deux chaînes de la Cordillère, La Paz ne se laisse pas deviner. On aperçoit brutalement en contrebas la ville aux quinze clochers, aux maisons blanches et aux faubourgs indiens dans les parties plus élevées. Il en fait une description des plus exactes : « *Dans ce pays où tout est contraste, je dus encore admirer l'aspect sauvage, mais grandiose, de la vue que présente l'ensemble du ravin de la Paz, peut-être l'un des plus extraordinaires du monde, puisqu'il est entièrement creusé dans des terrains de transport, appartenant à l'époque diluviale. Qu'on se figure, en effet, une espèce de canal formé par les eaux, coupé presque perpendiculairement du côté de la plaine, en amphithéâtre, vers les Andes, offrant, de tous les côtés, des montagnes nues, noirâtres, très déchirées, surmontées de sommités couvertes de neige. Ces montagnes s'abaissent peu à peu par ressauts, vers le fond du ravin, où, comme dans un gouffre, la ville avec ses jardins, avec sa verdure, contraste de la manière la plus agréable. Suit-on des yeux le cours tortueux du ravin ? on le voit se creuser toujours davantage, se couvrir, de plus en plus, de végétation, et se perdre dans les détours sans nombre des montagnes, au-dessus desquelles, comme un géant, se dessine la masse imposante de l'Illimani, qui termine le tableau à l'est*[11] ».

Le panorama est le même aujourd'hui, les ravinements se sont couverts de maisons d'autant plus précaires qu'elles sont situées plus en altitude, les glissements de terrain ne sont pas rares. L'église San Francisco, à la façade baroquisante, aux colonnes torses ornées d'entrelacs de végétaux pétrifiés se dresse sur une vaste place, point de départ de cars et rassemblement de groupes de musiciens. Sur un socle démesuré, la tête énorme du président Santa Cruz domine une des extrémités de l'esplanade. Président pourchassé, en 1839, exilé, mort en France en 1863, il fut réhabilité pompeusement un siècle plus tard. Une route vertigineuse traverse tous les ravins et mène sur l'altiplano vers l'aéroport. Le haut plateau a maintenant une population qui dépasse le million d'habitants. Les étudiants réclamaient, en juillet 2 000, une université autonome, se laissant attacher en croix sur les rambardes d'une passerelle pour souligner leur revendication, rappel des usages de certains missionnaires démunis de charité.

Les belles demeures du cœur de la ville, au fond du ravin, abritent le musée des Beaux-Arts avec les œuvres de Michel Holguin ou encore les musées archéologiques, artisanaux ou artistiques comme *la Casa du général Murillo*, un des héros de l'indépendance.

Dans les vallées environnantes, les *yungas,* bananes, avocats, ananas abondent comme au temps d'Alcide et s'offrent sur les marchés avec les cerises, prunes, raisins, pommes acclimatés de l'ancien monde. Vers La Paz convergent aussi sur le dos des lamas, les cannes à sucre, le cacao, le café, les feuilles de coca, l'écorce de quinquina pour lutter contre les fièvres paludéennes. De La Paz, des mules mènent ces trésors vers Arica et en reviennent avec les produits manufacturés de l'étranger. Centre important, La Paz n'est pas encore capitale, elle le deviendra, en 1899, et Chuquisaca-Sucre, la belle, la blanche, restera capitale administrative.

Le général Andrès de Santa Cruz a préparé l'arrivée du naturaliste. Dans une lettre, écrite de Cochabamba, le 10 juin 1830,

---

11. *Voyage*, tome II, p. 402.

il lui offre sa protection, met à sa disposition un officier et deux jeunes gens, interprètes pour le Quichua et l'Aymara et des fonds s'il en avait besoin. Dans le *Voyage*, d'Orbigny cite la lettre entière, en espagnol et sa traduction. Le président souligne : « *Ce pays possède de grandes richesses, principalement dans les règnes minéral et végétal et les découvertes qui s'y feront peuvent donner une impulsion rapide à l'industrie...les points les plus favorables sont les provinces de Caupolican et de Yungas, celle de Moxos dans le département de Santa-Cruz* [12] ». Le voyageur sait bien ce qu'on attend de lui.

Dans l'attente de cette lettre, il avait observé la vie de La Paz, les habitudes des habitants, les combats de coqs aux ergots éperonnés, chaque dimanche, avec des enjeux passionnés. Il aura toujours le souci d'une relation exhaustive et compulse de nombreux ouvrages écrits par les Espagnols. Il précisera pour chaque ville son origine, son évolution, le nombre des habitants, un travail sociologique, géographique, et nous le savons pour les peuples indiens, un travail ethnologique toujours reconnu et référence des chercheurs d'aujourd'hui. Ainsi, il est muni du livre de Garcilaso de la Vega[13], *Commentarios reales de los Incas*, probablement dans sa traduction française du XVIIe siècle qui circulait largement en Europe.

Du temps des Incas, les équinoxes donnaient lieu à de grandes fêtes, célébrant le Soleil ; les religieux adroits détournèrent habilement danses et déguisements pour célébrer la Fête-Dieu, la Saint-Pierre. Coiffures extravagantes avec miroirs, rubans, plumes colorées, costumes rappelant la silhouette du condor, oiseau messager du soleil ou encore manteaux somptueux comme en portaient les Caciques, costumes pour lesquels les Indiens, très fiers de leur passé, se ruinent pour le restant de leur vie. Le 24 juin, dès la tombée de la nuit, des centaines de feux préparés par les

---

12. *Voyage*, tome II, p. 421.

13. **Garcilaso de la Vega** (Cuzco 1539-Cordoue 1616) Fils du capitaine dont il prit le nom, partit, à vingt ans à Cordoue pour étudier. Il entreprit une grande histoire du Pérou, avant la conquête et, revendiquant son ascendance maternelle inca, il voulut donner la même dignité, le même honneur aux Indiens qu'aux conquistadors. Ses *Commentarios* publiés à Lisbonne en 1609 eurent peu d'écho dans la péninsule au contraire des traductions françaises de 1633 et 1658. L'Unesco puis la librairie Maspero ont publié les *Commentaires* en 1982, édition reprise en 2000 par la Découverte.

Indiens sur toutes les falaises de l'amphithéâtre qui entoure le ravin de La Paz, s'embrasèrent d'un coup, créant un effet fantastique. Feux de la Saint-Jean dans une annexion religieuse de célébrations païennes attentives à la respiration du monde, des deux côtés de l'Atlantique.

La Paz, Le 12 juillet 1830, D'Orbigny écrit à Alexandre Brongniart, ingénieur en chef des mines : « *J'ai l'honneur de vous envoyer ci-joint quelques petits morceaux de métal provenant de la province de l'Aricapa, j'ai cru que c'était du platine ferrifère, mais comme mes connaissances sont faibles en minéralogie et que de la connaissance parfaite de ce métal dépend la fortune de plusieurs familles de Bolivia, je prends la liberté de vous prier en mon nom et dans l'intérêt public du Pays dans lequel je me trouve, de vouloir bien avoir la bonté d'analyser les échantillons...*[14] »

Brongniart qui est très méthodique a noté dans la marge que l'analyse a révélé de la pyrite arsenicale et qu'il a répondu en mars 1831. Alcide a-t-il reçu cette réponse à la lettre qui n'avait atteint la France qu'après plusieurs mois. Alexandre Brongniart avait sollicité l'envoi de céramiques sud-américaines pour la comparaison et aussi l'analyse de leurs composants.

Sur la même lettre, il a noté qu'il a reçu, en 1829, plusieurs pièces, cruches, vases, salières fabriquées par les femmes guaranis dans le village d'Itaty sur le Parana. Ces objets sont conservés au Musée national de Sèvres, parmi d'autres[15].

---

14. Biblio. cent. MNHN, Ms 1967. Lettre n° 569.

15. **Le professeur Schwerin** de l'Université d'Albuquerque, au Nouveau Mexique, a séjourné quelques mois à Paris en 1986, analysant les collections de poterie conservées à Sèvres, le corpus en comprend d'autres trouvées dans des tombeaux aymaras ou achetées en Bolivia. Ce chercheur a également fait l'inventaire des matériaux anthropologiques conservés au Musée de l'Homme, momies ou crânes des anciens Incas ou Aymaras ainsi que les cartes conservées au département de la Bibliothèque Nationale : Carte d'une partie de la République argentine dressée en collaboration avec Nicolas Parchappe, carte de La Bolivie, celle-ci était d'ailleurs présentée dans l'exposition de la représentation du monde à la B.N.F en 1998, Carte géologique de la Bolivie. Le professeur Schwerin a présenté toutes ces recherches au congrès des Américanistes qui se tint à Amsterdam en juillet 1988.

VI - 2 - Départ vers les Yungas

Le **17 juillet 1830**, Alcide et sa petite escorte quittent La Paz pour les provinces de l'est et les vallées tropicales. Il traverse des .villages de quelques huttes d'Indiens Aymaras, le paysage devient de plus en plus aride, monotone, l'air de plus en plus glacé. « *La dernière traite qui me restait à franchir n'était pas la plus facile ; c'était une côte des plus rapide, qu'il fallait gravir par un sentier à peine tracé sur les flancs à nu d'une montagne granitique dont les crevasses étaient pleines de glace. Après m'être arrêté plus de vingt fois, par suite de la grande raréfaction de l'air, j'aperçus la croix et l'apacheta de la crête, m'indiquant que nous allions atteindre le point culminant de notre ascension* [16] ».

(Juillet 2000, Photo R. Borredon)

Fig. 16 : Chemin de Palca à Taquesi, emprunté par d'Orbigny en juillet 1830.

Depuis quelques décennies, une route part de La Paz vers les Yungas, on la nomme la *careterra de la muerte*. En 1977, des cars trop usés désormais pour les voyageurs des routes nord-américaines, suivaient une piste caillouteuse dont l'étroitesse assurait les émotions aux passagers, les Indiens se signaient à

16. *Voyage*, tome II, p. 426.

chaque virage. En l'an 2000, je peux parler de mon expérience personnelle renouvelée, la voie est asphaltée mais demande encore des conducteurs sûrs et sobres. Au sommet, une croix de béton, incongrue, presque obscène, surmonte les galets de l'apacheta. L'arrêt permet, dans ce haut lieu sauvage couvert d'un gazon rare et comme doré sous les rayons solaires, de contempler avec ferveur les crêtes enneigées et de deviner, au travers des nuages, l'étendue des collines boisées cinq à six cent mètres plus bas. Indiens et Indiennes avaient fait provision de fœtus de lamas au marché de La Paz et les brûlent avec quelques feuilles de coca arrosées de *chicha*, devant l'apacheta auquel ils ont ajouté une pierre, psalmodiant des hymnes à Pachamama, déesse protectrice. La voie vers les Yungas n'est toujours pas asphaltée. Emotion garantie comme au temps d'Alcide. La végétation va s'enrichir des fleurs multicolores dans la descente, papillons, oiseaux-mouches, c'est la richesse tropicale qui enchante mais *« La beauté de la nature m'avait, en quelque sorte, caché les épouvantables chemins que je suivais ,et les dangers de cette route semée de précipices où le moindre faux-pas de la mule sur cet escalier rapide et peu régulier, toujours mouillé par les eaux, pouvait ou me précipiter à quatre ou cinq cent mètres de profondeur dans le torrent que j'entendais mugir, ou me casser les jambes contre les rochers dans lesquels l'étroit sentier est creusé* [17] *»*.

Le voyageur et son escorte atteignent ensuite Yanacaché puis Chupé, presque toujours bien reçus par les autorités et sollicité pour soigner les habitants malades. Les observations scientifiques sont le souci constant : *« la pente abrupte m'offrait le plus bel exemple du glissement d'une grande surface de forêts, descendue jusqu'au torrent, en laissant à nu un schiste bleu. Je parle de la disposition de la maison que j'habitais, parce que trois jours de suite, les 27, 28, 29 juillet, lorsque dans ma patrie, une crise politique occupait tous les esprits, durant ces trois mémorables journées, qui, sous les feux d'un soleil ardent, changèrent soudain les destinées de la France, une pluie continuelle me retint constamment dans ma chambre* [18] *»*.

---

17. *Voyage*, tome II, p. 428.
18. *Ibid*,. p. 432.

Le récit du *Voyage* dont l'édition commencera en 1835 sera dédié au Roi Louis-Philippe avec la protection du Ministre de l'Instruction Publique, M. Guizot. L'insistance sur les conditions climatiques si différentes peut laisser deviner bien des échanges, des relations de ces journées *glorieuses* au retour, des confidences des aléas du *Voyage* entre les proches, les familiers, Charles-Henri, le frère, Adolphe Brongniart, l'ami sûr.

Chulumani

Le **2 août**, d'Orbigny est à Chulumani, capitale de la province des yungas. *Yungas*, nom de la langue Aymara qui désigne ces vallées chaudes et humides favorables à la culture de la coca, petit arbuste dont on cueille les feuilles que l'on fait sécher. L'usage de la coca mâchée par les Indiens est général, cela permet de supporter la fatigue, la faim, le froid. Dans les villes, aujourd'hui on boit une infusion de coca aux propriétés stimulantes, on l'appelle *maté de coca*. L'infusion peut être plus ou moins concentrée, elle se boit alors au travers d'une pipette aspirant le jus formé dans ce récipient assez élégant. C'est une version un peu différente de ce qui se consomme en Argentine.

Aujourd'hui, Chulumani comme Coroïco s'adonnent davantage à la culture des fruits tropicaux appréciés des Pacenos qui viennent en villégiature dans ces villages joints par de robustes véhicules 4 X 4. On y trouve dans le paradis végétal hôtels, piscines et un projet de route.

La culture de la coca s'est spécialisée dans certains villages dont la population est uniquement noire, descendant d'esclaves africains qui ne purent supporter le travail dans les mines d'Oruro ou Potosi. Ils furent installés là, sans métissage avec les Indiens, et cultivent essentiellement la coca. Ces populations, bien que timidement scolarisées, sont des isolats. La culture de la coca se fait aussi, sans que ce soit le fait de populations noires, dans d'autres provinces, dans le Chaparé, et en particulier dans ce qui s'appelait le Caupolican, département rattaché en 1842 aux Moxos et aux Yuracarès et formant alors le Beni ; ce fait est donné par Alcide d'Orbigny lui-même dans le récit de son *voyage*, preuve entre d'autres, de l'intérêt qu'il continua de porter aux évènements boliviens. Cette culture de la coca et ses dérives en drogue là ou ailleurs sont une autre histoire.

Pour ce qui est de ces vallées des Yungas, d'Orbigny conseille de développer, au détriment de la coca, le coton, le cacao, le maïs, l'indigo, le café dont il dit qu'il est de la meilleure qualité. Il est resté une vingtaine de jours à Chulumani, nous citant la corne d'abondance des fruits tropicaux, la yuca, sorte de manioc dont on tire une farine, base de beignets, « *la pastèque succulente, la chirimoya (sorte d'anone), la papaya, les goyaves, les oranges, peut-être les meilleures du monde (on en a cent pour un Réal soit 60 centimes de France), la grenade, plusieurs espèces de bananes... tandis que dans la vallée de La Paz, des vignes nombreuses fournissent un vin délicieux. La nature sauvage est encore plus riche. Les parties élevées des montagnes, qui sont au niveau même de la zone des nuages, sont couvertes de beaucoup d'espèces de quinquina, qui donnent cette excellente Cascarilla que notre commerce apporte, chaque jour, de Bolivia en France*[19] ». *Cascarilla* désigne un conditionnement du quinquina.

Le **29 août**, il est dans le coquet village d'Irupana : « *J'étais logé chez le corregidor qui eut pour moi toutes sortes de prévenances. Le dimanche, plusieurs personnes ayant appris que je possédais un microscope, me prièrent instamment de leur montrer quelques insectes. J'y consentis volontiers et je m'établis dans la cour du corregidor. Elles furent tellement étonnées, que tous les habitants se réunirent près de moi, je m'amusai beaucoup... Le lendemain, j'abandonnai Irupana suivi des vœux bienveillants de toute la population, depuis le curé jusqu'aux moindres habitants, à qui j'avais pu rendre des services, en coupant quelques fièvres intermittentes*[20] ».

Il était heureusement muni de sulfate de quinine dont lui-même aura souvent besoin vers la fin du voyage.

Avant de rejoindre la vallée de Cochabamba, il doit traverser La Cordillère orientale avec ses sommets élevés, ses ravins : « *nous nous arrêtâmes un instant pour donner du repos à nos mules, et profitant d'une eau limpide, je fis, sans pain, avec du chuno et de la chalona un très frugal repas*[21] ». Le *chuno* est une des trois cents variétés de pommes de terre dont les Boliviens sont toujours fiers ; l'altitude fait que ces tubercules gèlent la nuit mais,

19. *Voyage*, tome II, p. 440.
20. *Ibid.*, p. 445.
21. *Ibid.*, p. 451.

dans la carence, l'homme s'est adapté. Les tubercules sont séchés au soleil, conservés à l'état solide, ce qui permet de les peler seulement en les frottant. J'ai vu, personnellement, en juillet 1977, des paysans qui les piétinaient joyeusement dans ce but et m'en ont proposés. Les pommes de terre conservées pour les périodes de sécheresses, sont un peu noires. Il suffit de les faire tremper quelques heures avant de les accommoder. D'Orbigny dit que ce plat est médiocre, certes oui, il n'est là que par nécessité mais il est toujours servi, en 2 00I, dans les petits restaurants des villes et villages, en accompagnement d'un steak de lama, par exemple. La *chalona* désigne le mouton qui, lui aussi, a été séché.

Le **7 septembre**, il arrive au village de *La Puente : « je fus obligé d'y rester le lendemain, jour de la fête du village. Il y vint beaucoup d'Indiens Aymaras des campagnes voisines, chacun apportant son présent au curé, les uns des bananes, les autres des ananas et généralement tous les fruits du pays. Une troupe déguisée, avant de se livrer à la danse, vint aussi à la messe. Les Indiens avaient pris le costume ordinaire des Mocetenès de l'intérieur des montagnes : ils portaient une simple tunique sans manches, bordée au bas ; sur la tête, un turban de plumes et sur le côté la chuspa ou bourse de la coca, ornée de plumes et de grelots faits avec des calebasses*[22] *»*.

D'Orbigny traverse ensuite la province de Sica Sica, riche en mines d'or et d'argent, théâtre de profits et de ruines subites par les inondations des mines ou des exploitations moins riches qu'on ne l'espérait. De nombreux villages portent les traces des violents combats qui amenèrent enfin l'indépendance après la victoire d'Ayacucho, en 1824.

Trois cols dont l'altitude voisinent 4 800 m et le voyageur aperçoit les riches vallées de Cochabamba., champs de blé, de maïs, fermes nombreuses au milieu des vergers, l'altitude de 2 575 m dans cette région chaude rend les températures très agréables et les cultures faciles. Il y a deux mois qu'Alcide a quitté La Paz.

22. *Voyage*, tome II, p. 453.

VI - 3 - Cochabamba

Après avoir franchi la Cordillère orientale, il est le **24 septembre 1830**, à Cochabamba, ville qui est maintenant jumelée avec Nantes. Comme pour toutes les autres villes rencontrées depuis le début de l'expédition, le naturaliste a rassemblé le plus de renseignements historiques possibles, qu'il relate avec force détails dans la publication du *Voyage*. C'est dans ce même esprit de la première partie du XIXe siècle qui croit encore à la possibilité d' une vision encyclopédique du monde, qu'Alexis de Tocqueville[23] et son ami Guillaume de Beaumont visiteront l'Amérique du nord, de mai 1831 à février 1832. Dépassant les limites de leur enquête, but premier de leur voyage, Tocqueville sera entraîné ; au retour à une réflexion et des publications plus étendues. De même d'Orbigny trouvera, en ces années sud-américaines, un terreau pour une réflexion ethnologique et une vision géologique planétaire.

« La vue des dômes des églises, des clochers, des couvents de Cochabamba, me donnait l'espoir d'y goûter quelques moments d'une existence intellectuelle dont j'étais depuis longtemps privé, et dont j'éprouvais un besoin réel, avant de m'enfoncer pour des années peut-être, au centre du continent américain [24] ».

Cochabamba est un nom quichua qui désigne une plaine inondée, ce qui semble bien approprié, la vallée a été habitée par des Indiens quichuas agriculteurs, depuis des siècles. « *Au centre de la ville se trouvent beaucoup de maisons à un étage, bâties en briques crues, toutes pourvues, en dehors, de grands balcons en bois, qui se prolongent sur une partie de leur façade* [25] ».

Les Espagnols donnèrent d'autres noms à la ville qu'ils déplacèrent un peu mais Cochabamba qui sonne comme une danse l'emporta. En 1565, Louis de Osorio s'y était installé, on peut voir son monument funéraire dans la crypte du couvent des Augustins qui est devenu l'étonnant et très élégant théâtre de la ville. La *chicha* est la boisson nationale, faite de maïs mâché longuement par les Indiens et fermenté. Au cours des fêtes, d'Orbigny ne

---

23. **Tocqueville Alexis de**, (1805-1859) Historien et homme politique français publia *De la Démocratie en Amérique*, 1839.
24. *Voyage*, tome II, p. 471.
25. *Ibid.*, p. 475.

pourra pas toujours la refuser, malgré le procédé de fabrication fort écœurant !

Aujourd'hui, en l'an 2002, les Indiens aiment toujours la *chicha*, trop souvent avec excès. Non fermenté, le jus de maïs est aussi très prisé, blanc ou couleur de mûre, il est vendu dans les rues, spécialement le matin lorsque les trottoirs de la ville se couvrent de tréteaux et que les femmes jettent dans l'huile les beignets garnis de fromage râpé. Toute la ville prend place sur les bancs et jusqu'à onze heures, c'est un petit déjeuner collectif très pittoresque, la langue quichua est toujours utilisée à Cochabamba. Dans la journée, les Indiennes offrent d'épaisses et juteuses tranches d'ananas ou des *umitas*, beignets de farine de maïs et d'œufs, parfumés de cannelle et autres épices, le tout cuit à la vapeur ou grillé dans une feuille de maïs, un délice.

La ville possède un musée : des poteries de Tihuanaco, des fossiles : trilobites, productus, spirifers, conularia, tous animaux marins ayant évolué dans les eaux océanes d'il y a plus de deux cents millions d'années, en partie collectés par d'Orbigny. Dans une autre vitrine, des idoles de pierre ou de terre, certaines à deux ou trois têtes et plus loin, impressionnant et inquiétant un glyptodon, sorte de tatou qui traînait sa lourde carapace et sa queue de vertèbres mobiles, dans les plaines humides. Typique de l'Amérique du sud, celui-ci mesure presque quatre mètres ; bien qu'herbivore, sa très forte mâchoire inférieure est effrayante. Sont présentés également différentes pièces de mastodontes, de mégathérium, ces vertébrés disparus tant étudiés par Cuvier[26].

Alcide fut convié à grimper sur la colline : le Cerro San Sebastiano qui domine de 150 m la ville, il y fait frais et on jouit d'une vue agréable sur toute la ville. Aujourd'hui, la ville est surmontée d'un Christ de 40 m de haut, il fallait être sûr de dépasser le Christ de Rio de Janeiro qui mesure 33 m. Un téléphérique conduit sur la colline.

---

26. La France participe financièrement à l'aménagement des locaux de la Casa Hass qui prendra le 6 septembre 2002, jour anniversaire d'Alcide, le nom de Muséum d'Histoire Naturelle Alcide d'Orbigny, institution qui travaille étroitement avec le Muséum d'Histoire Naturelle de Paris. Un très beau palais avec la grâce d'un patio intérieur bordé d'arcades élégantes est en restauration et deviendra un musée des Beaux-Arts.

En collaboration avec Nantes, la ville a des projets de gestion, adduction, distribution, évacuation de l'eau. Alcide conseillait déjà des assainissements et des barrages.

Les *Cochabambinos* ont toujours la réputation d'être, non des producteurs mais des marchands, *« des hommes d'affaires ou des politiciens »* dit-on d'eux, aujourd'hui, en plaisantant à la Paz. Alcide déplorait que la ville fit venir tous les textiles du Pérou : *« Il faudrait, pour que Cochabamba prospérât, que le gouvernement donnât une prime aux cultivateurs qui planteraient du coton, en taxant fort les cotons importés du Pérou. Il faudrait encore qu'il encourageât les semis de lin et de chanvre, pour les toiles, de la garance et de l'indigo pour les teintures* [27] *»*. Conseils judicieux.

Pour la Saint-Michel, le voyageur est invité à la campagne par le préfet Don Miguel Aguirre et là, en compagnie du recteur du collège, du médecin, du gouverneur du lieu, *Quillacollo*, il va passer ces moments de discussion entre personnes cultivées, moments privilégiés qui lui manquaient. Voici le portrait de Don Miguel : *« il est instruit, sans pédantisme nourri de bonnes lectures, l'aisance de ses manières et son excellent ton seraient appréciés même dans nos meilleures sociétés de Paris* [28] *»*. Il a également été l'hôte du docteur Barrionevo, reçu en France, il remarque le costume très typique des femmes : *« les femmes riches, avec nos modes françaises plus ou moins arriérées....avec le revoso espagnol ou les beaux châles de soie de nos fabriques de Lyon... Les femmes des artisans métis,... la tête couverte d'un chapeau d'homme, blanc ou noir, ce qui est peu gracieux et choque la vue des étrangers... Sur un corsage de laine elles ont un revoso... et portent des jupes de bayeta, espèce de flanelle de toutes couleurs, rouge, rose, verte, jaune, les teintes les plus éclatantes étant toujours préférées. Ces jupes sont plissées pour en augmenter l'épaisseur, et bordées de larges rubans... Plus la personne est riche, plus le nombre de ces jupes augmente. Il en résulte qu'elle paraît souvent, par ostentation, aussi large que haute, ...Il ne faut plus chercher chez ces femmes la moindre grâce dans la démarche,...Le costume chez les Indiennes et les plus pauvres des métis, est peu différent* [29] *»*.

---

27. *Voyage*, tome II, p. 480.
28. *Ibid.* p. 483.
29. *Ibid.* p. 476.

Fig. 17 : Femmes de Cochabamba.
(Illustration du *Voyage*, dessin d'après d'Orbigny.)

En même temps que nous voyons s'affirmer les catégories sociales, nous découvrons que d'Orbigny n'apprécie pas du tout le costume de ces dames, pourtant il va en réaliser des dessins qui donneront lieu à une très jolie gravure, la plus célèbre peut-être, celle qui donna lieu à un timbre lors de la visite de M. le Président Chirac en Bolivie, en mars 1997. Le long du rio Piray, s'allonge une très belle avenue, l'avenue Humboldt proche de l'avenue d'Orbigny plantée de palmiers. Des bignonias mauves courent sur les façades des maisons.

Collectes, visites de courtoisie, préparations de voyage, Alcide se dirige vers Santa Cruz de la Sierra le **21 octobre 1830**, avec sa petite équipe. Ils sont arrêtés tout le long du chemin par les habitants offrant la *chicha du départ*, une version multipliée du *coup de l'étrier*.

Montagnes, ravins, les chemins tracés sont rares. *« Le coteau qui me restait à descendre n'était pas non plus sans difficulté. Taillé au milieu d'un grès friable ou rempli de pierres détachées, on y roule souvent plus vite qu'on ne voudrait sur une pente des plus abrupte* [30] *»*. Il rencontre les muletiers de *Saymapata*

30. *Voyage*, tome II, p. 510.

et de *Valle Grande* avec leur costume caractéristique dont il fit un très joli dessin : sur la tête une petite calotte de cuir, tunique et culotte de peau tannée, semelles de cuir attachées sur le pied.

En novembre 1832, il reviendra vers Samaypata qu'il n'avait pu explorer dix huit mois plus tôt. Il détermine l'âge dévonien du terrain et reconnaît des gravures rupestres qu'il attribue à une civilisation inca[31].

En passant un torrent, il tue une magnifique espèce d'ara aux ailes bleues, il le nomme *Ara Cruziana,* rendant hommage au président Santa Cruz. Les chemins sont encore vertigineux, les rivières difficiles à traverser. *« Par un bonheur extraordinaire, une averse des plus forte ne tomba qu'au moment où, débouchant dans la plaine, je n'avais plus à la redouter* [32] *».*

Dans la plaine de Santa Cruz, il retrouve les moustiques et les jaguars, hôtes indésirables oubliés depuis Corrientes. De Cochabamba à Santa Cruz de La Sierra, il avait parcouru environ 500 km, le plus souvent sous des pluies diluviennes, et à Santa Cruz *« la saison des pluies commençait ! »*

VI - 4 - Santa Cruz

Le site d'origine de la ville est à près de deux cents kilomètres plus à l'est, proche de la mission de San José au pied d'une chaîne montagneuse : une sierra d'où son nom : Santa Cruz de la Sierra. Les Espagnols se sont éloignés du Brésil, déplaçant la ville dans la plaine, d'une centaine de kilomètres. A 450 m d'altitude, ils étaient sûrs d'une température plus douce dans un climat toutefois très arrosé.

A Santa Cruz vit une population créole installée là depuis les débuts de la colonisation, les traditions d'hospitalité y sont fortes, le visiteur français devra se plier aux fêtes, cadeaux, réceptions. Le préfet donne un bal en son honneur, on y danse la gavotte, le menuet, la rumba, la mariquita... et la valse *« c'était ma danse favorite, celle à laquelle j'étais le plus exercé, je m'y*

---

31. Voir *Alcides d'Orbigny y su viaje a Samaipata en 1832*, publication du directeur du centre d'investigations archéologiques Carlos Ponce Sanguines. (Il m'a lui-même donné ce livret, à La Paz, en juillet 1977.)

32. *Voyage,* tome II, p. 518.

montrais infatigable, je la laissai le dernier, et me fis une véritable réputation parmi les dames[33] ». Ce jeune homme n'a t-il pas tous les dons ?

« *Ainsi que toutes les villes du Nouveau Monde, celle-ci se divise en cuadras ou pâtés égaux entre eux... les maisons ont des galeries extérieures destinées à les garantir de la pluie...c'est la cité la plus champêtre de celles que j'ai vues en Amérique du sud, les rues assez mal percées ne sont point pavées... la grande place, qui figure une prairie naturelle, est ornée d'un côté, de la cathédrale, édifice provisoire, bâti en terre qu'on s'attendait tous les jours à voir remplacer*[34] ».

(Juillet 2000, Photo R. Borredon)

Fig. 18 : Rue du centre de Santa Cruz.

Dans la publication du *Voyage*, le naturaliste note qu'en 1841, un temple en briques était en cours de construction, information qui est un nouveau témoignage du lien qu'il gardait avec la Bolivie. La cathédrale s'élève aujourd'hui sur le côté de la place ombragée de hauts palmiers.

Si la cité d'aujourd'hui a décuplé en surface, avec les prospections pétrolières des environ, le cœur de la ville, un simple damier, a conservé ses maisons, du temps d'Alcide. Une vue

33. *Voyage*, tome II, p. 527.
34. *Ibid.*, p. 545.

aérienne de 1956 montre encore les mêmes limites qu'en 1830. L'extension a été fulgurante avec tout un quartier d'hôtels luxueux.

M. Mario Suarez, directeur du Muséum d'Histoire Naturelle de la ville, m'a montré, avenue Ayacucho, la demeure louée par le voyageur, là où il avait toute une ménagerie qu'il observait : « *Ma salle, l'unique pièce que j'occupasse, me servait à la fois de salon, de salle à manger, de chambre à coucher et de cabinet de travail. Elle ressemblait souvent à l'arche de Noé ; j'y avais, en effet, tout espèce d'animaux vivants, des agoutis, des tatous, des paresseux, et jusqu'à un boa de 5 m de long. Cet étrange commensal était pour moi un sujet de recherches et d'études ? Je voulais fixer mes idées sur l'espèce de fascination, d'influence magnétique qui portent, dit-on, les animaux à se jeter dans la gueule des serpents. Je mis tout en œuvre pour arriver à quelques résultats mais je n'obtins rien. A l'instant de la fort chaleur, je m'étendais sur mon hamac et j'observais en silence. Les petits animaux passaient et repassaient près du serpent sans manifester d'autre sentiment que celui de la crainte. Les boas, à Santa Cruz, au lieu de faire fuir, sont au contraire employés dans les champs de canne à sucre ; on les y place pour chasser une espèce de rat qui y cause beaucoup de dégâts, en rongeant les racines de la plante* [35] ».

M. Suarez me montre encore, non loin, sur une autre demeure, une plaque indiquant que vivait là, la famille Moreno, amie du naturaliste. Le jeune Moreno, né en 1836, raconta comment il avait entendu parlé du *francès* et qu'il jouait avec des papillons[36], qu'à son retour, Alcide n'avait pu emporter. A la limite de la vieille ville, assez près du zoo, une petite rue porte le nom *calle Alcides d'Orbigny,* et très proche *calle Castelnau*[37].

---

35. *Voyage,* tome II, p. 556.

36. Anecdote racontée par Gabriel René Moreno dans sa biographie de Nicomedès Antelo.

37. Castelnau, Francis, comte de (1812-1880) Voir l'article de Michel P. Bajon sur la mission Castelnau en Amérique du sud de 1843 à 1847, dans l'ouvrage du 118e congrès de Pau, déjà cité.

Les pluies obligent le voyageur à remettre sans cesse son départ vers les anciennes missions jésuites. Quelques excursions lui permettent d'augmenter les collections mais il lui faut se résoudre à rester plusieurs mois.

Le 9 juin 1831, il écrit de Santa Cruz à Alexandre Brongniart : « *Monsieur et ami,*

...j'ai réuni une magnifique collection sur les palmiers, pour chacun d'eux j'ai dessiné l'ensemble de l'arbre et les détails des troncs, feuilles, grappes, fleurs mâles et femelles ».

(les dessins originaux conservés dans le folio 203 du Muséum de Paris relèvent autant de la précision scientifique que d'un réel talent artistique) « *Je vous suis on ne peut plus reconnaissant de l'intérêt que vous avez pris à moi jusqu'à ce jour et veuillez bien penser au voyageur s'ils se présentent quelques places à obtenir au Muséum. Je pars sous peu de jours pour visiter les provinces de Moxos et de Chiquitos, c'est sans doute un des plus curieux voyages que l'on puisse faire en Amérique.*
Votre bien sincère et tout dévoué. A. Dessalines d'Orbigny [38] ».

Certes le voyageur prépare son retour encore lointain, pas question de retrouver un emploi de bureaucrate, il veut être au service de la Science.

Une lettre du général de Santa Cruz conservée aux archives du ministère des Affaires Etrangères montre combien il est accueilli et considéré. La lettre expédiée de La Paz, le 4 mai 1831 est adressée au Consul Général de France à Santiago du Chili (La Bolivie n'a pas encore de représentation consulaire particulière) :

« *Mon Estimable ami,*
...J'ai été également très flatté que Mr. D'Orbigny vous ait écrit d'une manière toute satisfaisante. L'estime et l'honneur de son rang m'honore trop et je suis charmé de l'avoir mérité ». (traduction des services consulaires du texte espagnol également conservé[39])

Ne pouvant encore rejoindre les missions du pays des Chiquitos, le naturaliste multiplie les excursions alentour et s'émerveille : « *Quiconque ne connaissant que nos forêts*

---

38. Biblio. cent. MNHN, Ms 1970, lettre n° 311.
39. Archives du Ministère des Affaires Etrangères, Correspondance consulaire et commerciale, Chuquisaca, tome I.

d'Europe, se trouverait tout à coup transporté dans ces lieux, resterait certainement en extase devant la beauté, la majesté de l'ensemble, et surtout devant les contraste si pittoresques du feuillage des arbres variés avec celui des élégants motacus aux troncs droits et sveltes, surmontés de leurs belles gerbes de feuilles. Là, tout est imposant, jusqu'au profond silence ; là tout commande le respect et l'admiration pour le Créateur[40] ». « ***Motacus*** » est le nom indien d'un beau palmier que le savant Martius nommera « Maximiliana princeps » dans le corpus *Palmetum Orbignanum* qu'il composera avec les riches récoltes d'Alcide.

(Juillet 2000, Photo R. Borredon)

Fig. 19 : Elégance des palmiers sud-américains.

40. *Voyage*, tome II, p. 558.

VI - 5 - Découverte des anciennes Missions jésuites

Le voyageur n'imaginait pas qu'il commençait là une des parties les plus éprouvantes en même temps que les plus riches sur le plan anthropologique. Pendant presque dix-huit mois, il va parcourir le chevelu de toutes ces rivières qui rejoignent le bassin amazonien. Quittant les plateaux granitiques et les collines de gneiss par des ravins périlleux, il rejoint les *rios* dans la luxuriance tropicale où abondent les fleurs mais aussi les moustiques.

Dès Corrientes, on peut penser à la notification fréquente de ses fièvres, qu'il a contracté le paludisme, affection dont il ne se débarrassera jamais, malgré l'utilisation de la quinine.

Son esprit curieux sera sollicité en tous domaines, coutumes, langues, mœurs et chants des Indiens en plus de la faune et de la flore. Un de ses premiers étonnements dans la mission de *San Javier* fut la grande qualité musicale de la grand messe qui y est chantée. L'acculturation à la musique baroque italienne comme celle de la peinture ne s'est pas effacée[41].

Bien qu'imprégné d'idées libérales par son éducation paternelle, Alcide d'Orbigny pose un regard généreux et impartial sur ces anciennes missions, observant que l'organisation imposée par les Jésuites a aussi apporté un ordre rationnel dans la sédentarisation. Encore plus que les villages, les *réductions* réservent les entrées les plus spectaculaires, à l'imitation des réceptions des chefs de la colonisation espagnole.

Ainsi, le **19 juillet 1831** à Santa Ana *« A l'entrée de la mission, nous attendait un arc de triomphe formé de branchages et de feuilles de palmiers. A peine y étions-nous arrivés, que la musique commença. De jeunes Indiens et Indiennes, proprement vêtus dans le costume du pays, commencèrent une danse charmante, espèce de valse ou de chaîne continue, à la fin de laquelle tous, en chœur, chantèrent mon heureuse arrivée, je fus*

---

41. Voir *Les chemins du Baroque dans le Nouveau Monde* A. Pacquier Fayard 1996. Depuis plusieurs années, sous l'impulsion du Père franciscain Walter, plus tard secondé par la sœur Ludmilla, le village d'Urubicha au nord est de Santa Cruz, est devenu un grand foyer musical, les enfants passionnés ont appris à fabriquer leurs violons. Depuis 1997, en Bolivie, chaque été voit se dérouler le Festival de la Musique Baroque dans ces provinces des Chiquitos, il commence dans la belle église rénovée de San Javier, ses murs peints

aussi touché que surpris de l'attention du gouverneur et de l'ensemble du cortège. Le cacique et les juges à cheval ouvraient la marche, tenant élevée la canne, signe de leur dignité ; puis venaient une cinquantaine de musiciens, et les danseurs qui s'avançaient en dansant devant nous [42] ».

Le **15 août 1831** est l'occasion d'une riche excursion : « *J'allais avec le gouverneur visiter le point d'où l'on a tiré de belles lames de mica qui forment les vitres des églises, et dont on a revêtu leurs murailles et leurs colonnes. Cette carrière est à deux ou trois lieues de la forêt vers le nord ; j'y vis une grande surface de gneiss rouges et jaunes micacés, si remplis de mica que la superficie du sol en était couverte. Je fis creuser pour m'en procurer de beaux échantillons à joindre à ma collection géologique. Je revins par un charmant vallon, où s'étendent tous les champs des Indiens, et j'y jouis du plus joli coup d'œil. On n'apercevait partout que la verdure fraîche et le feuillage varié de la canne à sucre, du bananier, du papayer, au-dessus des champs de maïs ; le tout parsemé d'une multitude de petites cabanes couvertes de feuilles de palmiers* [43] ».

Le **29 septembre** de cette même année, il est à Santo Corazon, le point le plus oriental de son expédition. Il aurait voulu trouver un passage vers le Paraguay, tout est impraticable et totalement inhabité. Il ressent une satisfaction à être au centre du continent, à égale distance des deux océans. N'est-on pas toujours au centre du monde ? Il suffirait d'en avoir conscience.

Rencontre avec les Guarayos

Repartant vers le nord-ouest, le voyageur souhaite visiter les missions ***Moxos***. Pour cela il faut traverser la région des ***Guarayos,*** ceux-ci n'ont jamais accepté l'enseignement des missionnaires, les rumeurs en fait des anthropophages, des sauvages cruels. Le **19 décembre 1831**, Alcide a perdu ses compagnons, il erre dans la forêt épaisse, une bougie à la main, tenant son cheval par les rênes, ses vêtements sont en lambeaux. Dans la nuit, il devine une grande maison, celle du Cacique probablement. Celui-ci lui récite une longue homélie de bienvenue

42. *Voyage,* tome II, p. 603.
43. *Ibid.*, p. 6I3.

que le voyageur a la surprise de comprendre, la langue des Guarayos est très proche de celle des Guaranis qu'Alcide a apprise pendant son long séjour à Corrientes. Il va rester quarante jours à s'émerveiller de la douceur, de la simplicité des mœurs et à faire une riche moisson de botanique et de zoologie.

« *Tous les jours le cacique, vieillard au maintien patriarcal, venait m'offrir ses services. Lui demandai-je quelque chose, il s'éloignait en toute hâte et reparaissait, quelque temps après, avec ses femmes chargées de fruits magnifiques, de légumes ou de volailles... Je payais le tout avec de grosses aiguilles à coudre, soit avec des couteaux, des ciseaux ou bagatelles semblables, l'argent, comme à Chiquitos ou à Moxos, n'étant pas encore connu des habitants. Un beau poulet, par exemple, valait trois aiguilles à coudre... ce n'était, chez moi, qu'une procession d'Indiens, qui m'apportaient des insectes magnifiques dans des tubes de bambous ou dans des cornets faits avec des feuilles, des coquilles terrestres ou fluviatiles... ces bois que les Indiens parcouraient pour moi, en véritables aide-naturalistes* [44] ».

Un ermite, le Père Lacueva qui a renoncé à les évangéliser lui donne de nombreux renseignements sur ces régions : « *J'ai souvent entendu le curé se plaindre de leur paresse et de leur nonchalance parce qu'il ne pouvait les faire travailler à son profit. Quelques jours de travail par an suffisent au Guarayo pour assurer à lui et à sa famille les provisions de deux ou trois ans. Couvert de l'écorce des arbres de la forêt, nourri du gibier qu'il y chasse, du produit du champ qu'il y cultive, abrité sous son feuillage, pourquoi s'imposerait-il une gêne pour obtenir ce que rien ne lui rend nécessaire, et dont il soupçonne à peine l'existence ? Dans l'abondance des biens réels, il se regarde, quand il est en dehors de tout asservissement, comme très heureux de sa liberté, et traite d'esclaves tous les hommes assujettis aux règlements des Missions* [45] ». Le cacique confie au naturaliste un jeune orphelin *Mbuca ori*, ce qui signifie *rire joyeux* d'après le caractère de l'enfant. A–t il fait partie des cinq Boliviens qui sont rentrés en France avec le naturaliste et que sont ils devenus ? Les documents manquent.

---

44. *Voyage*, tome III, p. 16.
45. *Voyage*, tome III, p. 26.

Au pays des Moxos

Fin janvier, le naturaliste entre dans le pays des ***Moxos***, en descendant le Rio San Miguel, affluent du Guaporé qui rejoint plus au nord le Mamoré. Chemin faisant, ou plutôt de pirogue en pirogue sur les *rios* ou enjambant des plaines marécageuses, le voyageur se fait géographe et établit les cartes. A *Conception de Moxos*, il admire les tissages faits par les indigènes ainsi que les coffrets en jacaranda, sorte de palissandre, incrustés avec goût de la nacre brillante des coquillages d'eau douce. Il poursuit parallèlement sa quête des palmiers, il retrouve le ***Carondaï*** connu déjà en Argentine. Sur les marges du Rio Blanco, il en découvre un nouveau qu'il dédie à son maître Brongniart (Bactris brongniartii). D'autres palmiers l'attirent encore jusqu'à la frontière brésilienne.

Le **20 mars 1832**, il est au fort brésilien de *Principe de Beira* sur le Guaporé, fleuve frontière qui se jette dans le Mamoré qu'il va descendre, en pirogue, encore sur quelques lieues, navigation riche en observations et collectes pour le Muséum. Il entreprend ensuite la difficile remontée du Mamoré, ses observations lui permettront d'affirmer que ce fleuve est l'axe hydrographique essentiel de toute cette partie de la Bolivie.

(Juillet 2000, Photo R. Borredon)

Fig. 20 : Le Mamoré en aval de Trinidad de Moxos.

La pluie, la boue, les morsures des chauve-souris, les fourmis rouges, tout harcèle le naturaliste qui plaint en même temps les conditions difficiles de vie des Indiens. S'ajoutant à cela, il va constater combien plusieurs administrateurs et curés maltraitent, tyrannisent les Indiens. Les Moxos, très éloignés de Santa Cruz, n'ont pas su résister comme les Guarayos. Les curés utilisent les fêtes religieuses pour exercer un véritable sadisme sur ces populations trop soumises.

Lorsqu'il arrive à *San Xavier de Moxos*, le sulfate de quinine n'apaise pas sa fièvre, il doit rester couché : « *J'avais le délire pendant les cérémonies religieuses du mercredi Saint. De ma chambre située sur la place de l'église, j'entendais la musique lugubre, les coups redoublés que se donnaient les Indiens et leurs cris de douleur. Tout cela, joint à l'image que je me faisais du spectacle des pénitents ensanglantés, devint pour moi comme un lourd cauchemar qui m'oppressait horriblement, en ajoutant d'autant à ma souffrance* [46] ».

Le naturaliste raconte encore toutes les tortures infligées aux Indiens, en particulier ceux qu'on a affublés de costumes grotesques et qui représentent les Juifs pendant la Semaine Sainte. Mbuca Ori, effrayé, se réfugie dans la chambre du *botanico frances*. Malgré la cruauté des chefs de village, certains veulent donner le change et préparent l'accueil du naturaliste.

Le **22 avril 1832**, il écrit de Trinidad de Moxos : « *Lorsque mes pirogues s'approchèrent de la mission, le gouverneur, qui était aux aguets, fit sonner les cloches et vint me recevoir avec tous les habitants, la musique en tête, et je dus, malgré moi, recevoir les honneurs réservés aux grands personnages* [47] ».

---

46. *Voyage*, tome III, p. 136.
47. *Ibid.*, p. 145.

Fig. 21 : Musique et danse religieuses.
(Partie historique du *Voyage*.)

Les Moxos soufflent dans une sorte d'immense flûte de Pan, formée de tuyaux de lattes de palmiers assemblés, la partie terminale doit être soutenue par des enfants, cela se nomme *bajunes*. D'Orbigny en a fait un dessin pittoresque[48]. De Trinidad où il retrouve aussi négociants, administrateurs venus là pour les représentations très passionnées des fêtes religieuses. ***L'étranger*** pourrait en leur compagnie revenir à Santa Cruz et se reposer en classant ses innombrables collections. On l'aime tant à Santa Cruz. Jamais il ne saura se reposer. Il a une autre idée : il veut ouvrir une voie entre les missions Moxos et Cochabamba, désenclaver les pauvres Indiens pour faire cesser les brutalités, les exactions dans ces villages isolés.

48. Récemment, un voyageur en a rapporté un exemplaire qu'il a offert à la ville de La Rochelle, cet instrument orne le hall du Muséum.

VI - 6 - Rencontre avec le président A. de Santa-Cruz

Il décide de revenir à Cochabamba où il est fort bien reçu par le gouverneur et a enfin l'occasion de rencontrer le général de Santa Cruz avec lequel il n'a encore eu que des relations épistolaires. *« Je l'entretins longuement de la province de Moxos, des nombreux abus qui s'y commettaient, des moyens de réforme qui me paraissaient convenables. Il écouta tout attentivement. Et me chargea de rédiger, de concert avec M. Carrasco, un mémoire détaillé, destiné à servir de guide au nouveau gouverneur qu'il voulait choisir... Je lui parlais aussi de mon projet tout en me faisant entrevoir les difficultés à vaincre et les périls qui m'attendaient au sein de ces contrées inconnues où j'aurais à lutter à la fois contre la nature vierge et peut-être des nations sauvages. Inébranlable dans ma résolution, j'obtins de lui les moyens de commencer cette entreprise. Tout marchait au gré de mes vœux, et je voyais avec plaisir que je n'avais pas en vain plaidé la cause des pauvres indigènes des missions* [49] *»*.

Alors qu'il ne pense à cette préparation, il a oublié de faire viser son passeport et se voit arrêté par un commissaire stupide. Il aura désormais une lettre dont il est fort fier et qu'il a reproduit dans le récit de son *Voyage* :

REPUBLIQUE DE BOLIVIA,
Ministre d'Etat de l'Intérieur

Palais du gouvernement de Cochabamba, le 25 juin 1832 :

Dans quelque ville, bourg ou hameau de la République Bolivienne que se présente Monsieur d'Orbigny, voyageur français, les autorités devront le traiter avec la plus grande considération, lui donnant tout ce dont il aura besoin et tout ce qu'il désirera, le laissant voyager librement, et de plus le faisant escorter, s'il demandait quelques hommes pour la sûreté de sa personne, dans les lieux où il croira courir quelque danger. Son Excellence, le Président de la République verrait avec le plus grand déplaisir toute injure, quelque légère qu'elle soit, faite à la personne de M. D'Orbigny, en raison de respect dû au

49. *Voyage*, tome III, p. 170.

gouvernement français et pour les services particuliers que Monsieur d'Orbigny rend à la République.

Les préfets, gouverneurs, corregidors et alcades, sont de nouveau chargés de l'exécution des ordres enfermés dans ce passeport ».

Le Ministre de l'Intérieur, signé Casimir Olaneta[50].

(le texte original espagnol est aussi recopié)

« *Je ne restai à Cochabamba que 20 jours durant lesquels je manquais rarement d'aller au palais, soit pour dîner avec le Président, soit pour passer la soirée avec lui. Je m'occupais aussi activement avec M. Carrasco et avec le colonel Daila, gouverneur de la province de Poopo, venu en toute hâte pour prendre le gouvernement de Moxos, de la réorganisation de cette malheureuse province et des préparatifs de mon expédition. J'avais demandé des Indiens pour porter des vivres, une personne chargée de leur parler en Quechua et de les payer, ne voulant, en aucune manière, qu'il passât des fonds par mes mains* [51] ».

Les soirées à Cochabamba sont pleines de charme et de nostalgie « *A l'une des soirées du Président, Madame de Santa Cruz me montra, pour me consulter sur leur exactitude, des vues d'optique qu'elle venait de recevoir. Je ne saurais dire ce que j'éprouvais en voyant passer tour à tour sous mes yeux les images des principaux monuments de Paris. Je me crus presque un instant de retour dans ma chère patrie, dont néanmoins quelque mille lieues me séparaient encore pour longtemps* [52] ».

Le **2 juillet 1832**, la petite troupe quitte Cochabamba et va gravir dans le froid intense et l'air raréfié les sentes glacées de la Cordillère orientale, à 4 500 m d'altitude, dans les prairies paissent les vigognes et les alpacas sauvages.

C'est ensuite une mer de nuages : « *Chargé de ma grande boussole à alidade, d'un fusil à deux coups, d'un couteau de chasse et d'une petite hache, pour ouvrir le fourré, je dirigeai la marche, non sans être arrêté à chaque pas, suivant quelquefois le lit d'un torrent, passant et repassant les rivières, selon les obstacles, me frayant un chemin, la hache à la main, au travers des*

50. *Voyage*, tome III p 171.
51. *Ibid.*, p. 172.
52. *Ibid.*, p. 173.

bois, déchiré par les épines ou bien ayant à franchir des roches de quelques mètres de hauteur... Je ne pourrais peindre les sensations que me faisait éprouver l'idée d'être ainsi transporté dans un lieu où nul autre homme n'était encore parvenu[53] *»*.

Au bord d'une rivière, il rencontre les Mocetenès et retrouve des Yuracarès :

« *Le soir, comme des frères d'armes, nous étions tous les uns près des autres au bord de la rivière, sous une voûte épaisse du feuillage la plus varié, on entendait ces diverses langues, si on compte les porteurs, les idiomes de l'ancien monde sont en minorité* (il avait avec lui un religieux franciscain et l'ingénieur Tudela) ***j'étais privé de toutes les commodités de la vie. Pour me reposer de longues fatigues, je n'avais d'autre lit qu'un sol humide, et néanmoins je n'aurais pas cédé ma place du moment pour une des plus commodes au milieu de la fête la plus somptueuse de notre brillante capitale***[54] ***»***.

Il étudie les Indiens Yuracarès pendant une dizaine de jours puis avec eux, il gravit un sommet de la chaîne montagneuse qui les surplombe. Il réalise son erreur, il s'était dirigé vers le rio Béni, trop à l'ouest. En contre bas, il aperçoit une rivière qui se dirige vers l'est en direction du bassin du Mamoré. C'est alors une descente vertigineuse. Presque tous les Indiens l'ont quitté.

---

53. *Voyage*, tome III, p. 184.
54. *Voyage*, tome III, p. 218.

Fig. 22 : Cebus fulvus.
(gravure d'après Alcide d'Orbigny)

En mars 1838, le voyageur fera le récit de cette équipée périlleuse à la Société de Géographie : « *Enfin, le rio Mamoré, dans toute sa grandeur, se déroula devant nous. J'oubliai alors les souffrances passées ; j'oubliai que j'étais peut-être estropié, ayant eu, dans une occasion particulière, le bras traversé par les serres aiguës de la grande harpie. J'étais à Moxos, le but de mon entreprise et le lendemain, après quarante jours de voyage, je revis la capitale de cette province, où je fus à peine reconnu, tant la fatigue avait altéré mes traits. Mes itinéraires dressés me donnèrent un tiers de moins que par le Chaparé* »[55].

L'établissement d'une voie nouvelle n'a pas la faveur des commerçants de Santa Cruz, les *Cruceños* veulent garder leur exclusivité de trafic sur ces Indiens Moxos. De plus, Alcide

---

55. *Fragment d'un voyage dans l'intérieur de la Bolivia*, par A. d'Orbigny. *Bull. de la Soc. de Géographie*, 2ème série, tome IX, 1838, p. 220.

apprend la mort subite du colonel Davila. Sa déception est immense.

Retour à Santa Cruz

En remontant les rivières, il rejoint enfin Santa Cruz :

« *Avec quel plaisir je revoyais les environs de Santa Cruz, où j'avais tour à tour fait de la zoologie, de la botanique, où j'étais connu de tout le monde, depuis les autorités jusqu'au dernier des enfants de toutes les couleurs. En entrant dans la ville, j'étais arrêté à chaque pas et j'entendais dire partout, comme un évènement :* ***nos vuelve el naturalista*** (le naturaliste nous revient). *Je rentrai avec plaisir dans mon ancien logement, et je pris quelques jours de repos, en attendant que je puisse réunir mes collections, laissées à Chiquitos. Je reçus de nouveau toutes les marques possibles d'affection et de considération de la part des habitants, mais, le dirai-je ? les réunions, les plaisirs de société, n'avaient plus aucun charme pour moi. J'avais une idée fixe qui me poursuivait sans cesse, le retour vers ma patrie...*
Je n'éprouvai nulle part plus de peine qu'à quitter cette ville hospitalière où j'avais été accueilli comme un compatriote, comme un parent. Jamais je n'oublierai Santa Cruz, et puisse-t'on voir dans ces lignes l'expression la plus sincère de ma reconnaissance que ses habitants m'ont inspirée[56] ».

Ces pages sont toujours dans la mémoire et la fierté des *Cruceños* d'aujourd'hui[57].

Chuquisaca, la capitale blanche

Le naturaliste n'a plus aucune nouvelle de France. Il veut rentrer, il doit rentrer, toutefois il ne rejoint pas La Paz par le plus court, il souhaite une idée plus complète de ce pays qu'il va quitter.

---

56. *Voyage*, tome III, p. 256.

57. Le prénom Alcides est devenu habituel comme l'affirme M. Alcides Parejas Moreno, responsable des festivals de musique baroque dans les missions qui se déroulent chaque été depuis 1998. M. Suarez peut montrer un article récent d'un banal magazine affirmant la beauté unique des *Crucenas*, « unique » puisqu'elle avait retenu toute l'attention d'un fameux naturaliste Alcide d'Orbigny. Tout Bolivien sait quelle connaissance des réalités de son pays fut apportées par le travail acharné, opiniâtre, si courageux de d'Orbigny.

Il rejoint Chuquisaca. Bâtie sur les ruines d'une ancienne ville inca *Choquechaka* ou *Pont de l'Or*, la ville s'est aussi appelée *La Plata* car la richesse des mines de Potosi y affluait et permettait aux propriétaires de faire construire de belles demeures avec les oriels élégants au toit de tuiles et encadrement de bois brun contrastant avec les murs blancs. La ville se nomme aujourd'hui ***Sucre*** en l'honneur de l'un des libérateurs de l'Amérique du sud. La ville avait eu, dès 1624, une Université, la première, non seulement du Haut-Pérou, mais de l'Amérique du sud. Les étudiants s'étaient enthousiasmés pour Voltaire, Rousseau et avaient suivi avec passion les étapes de l'indépendance des Etats américains du nord, gagnée en 1783. Les sociétés secrètes proches de la franc maçonnerie étaient à la pointe des pensées révolutionnaires.

C'est de Sucre (Chuquisaca), justement que partit l'insurrection en 1809. L'église San Francisco garde comme un trophée la cloche, fêlée d'avoir tant appelé l'Amérique à ce réveil. *La fille préférée* de Bolivar a gardé le titre de capitale mais tout se trouve à La Paz sauf la Cour Suprême. Avec ses clochers blancs dominant les maisons, la ville offre un aspect colonial désuet et charmant.

L'ancienne université devenue *Casa de la Libertad* conserve entre autres témoins de mémoire, le coffret de cendres de Juana Azurduy Padilla, héroïne des combats de l'indépendance, aux côtés de son époux décapité par Les Espagnols et le drapeau bolivien qui flotta sur Antofogasta, au bord du Pacifique, jusqu'en 1874. Encouragé par l'Angleterre qui exploitait le salpêtre et le guano, le Chili occupa le littoral, privant la Bolivie d'un débouché sur la mer. Un tableau à l'huile a repris, en l'agrandissant et en le colorant le dessin qu'Alcide avait pris de la place de la cathédrale, celle-ci est très reconnaissable. Dans une chapelle on peut prier la *Vierge de Guadalupe*, perles et gemmes précieuses sont incrustées dans son manteau d'argent. Sur les hauteurs de la ville, le couvent de *la Recoleta* avec l'élégance et le calme de ses trois patios, est aussi un riche musée, tableaux religieux, sculptures sur bois, coffres. Sur la vaste place, les jours de fête on achète en modèle réduit les objets de son rêve : sac de farine, lama, camion, billets de banque ou un couple si on désire se marier.

Fig. 23 : Vue de la place de Chuquisaca.
(Gravure d'après d'Orbigny)

Trois mois à classer, préparer, dessiner, annoter et nouvelles rencontres avec le général de Santa Cruz, le voyageur est d'ailleurs *Citoyen d'honneur de Bolivia.* Il conseille le développement des cultures du coton et des fruits tropicaux, ainsi que l'élevage des moutons, des lamas et des alpacas. Il dénonce la déforestation abusive. Le président a-t-il écouté ? Coups d'état et guerres contre le Pérou, le Chili et le Brésil qui réduiront la surface du pays, le programme ne sera pas appliqué[58].

Potosi, ville minière

Depuis Sucre, Alcide part pour Potosi. Encore quelques excursions alentour comme si le Rochelais n'arrivait pas à quitter le pays, encore un autre palmier qu'il nomme : *Diplothemium Torally*, en hommage au docteur Torally qui lui a donné son

58. En 1994, à Carl Orko, à cinq kilomètres de la ville, une carrière de calcaire a révélé des milliers de traces de reptiles disparus : dinosaures, brontosaures, ankylosaures. Une quinzaine de chercheurs français, italiens, américains se sont joints aux Boliviens sous la direction du professeur suisse Meyer et du professeur Lockley de Boston. Affaire à suivre.

amitié. Il va s'arrêter à Potosi, dominé par le *Cerro Rico*, cette montagne qui fit la richesse de l'Espagne, par ses minerais riches en argent. Huit millions d'Indiens seraient morts là en trois siècles d'exploitation. « *Ce n'est pas de l'argent que l'on mène en Espagne mais la sueur et le sang des Indiens*.» avait écrit Fray Domingo de Santo Tomas. Pour indiquer une richesse, en Europe, on disait « *cela vaut un Potosi* ! » Découverte fortuite par un berger auprès de son feu de branchages, dans une nuit froide. Légende qui fit couler un ruban d'argent. Des tableaux représentent la Vierge dont la vaste robe a la forme du cône sur lequel des petits personnages racontent la découverte fabuleuse.

Fig. 24 : Virgen del Cerro, Anonyme du XVIIIe siècle. (D'après une affiche)

A La Casa de la Moneda, Palais de la Monnaie d'autres tableaux montrent les portraits des riches gouverneurs espagnols et des scènes religieuses inspirées de Zurbaran, de Murillo dont les œuvres traversaient l'Atlantique. Des Indiens eurent aussi du talent, mais ils ne signaient pas. Un système ingénieux de mécaniques en bois actionnées par des chevaux couplés[59] permettait de battre monnaie.

L'église San Lorenzo présente une façade d'un baroque échevelé avec des colonnettes ornées de personnages emplumés portant de courtes jupes de palmes végétales. La tradition ibérique se mâtinait d'indianisme.

Potosi, c'est aussi, aujourd'hui, les Boliviens rampant dans les galeries pour extraire les minerais de platine et d'argent. Les bougies brûlent devant la déesse mère protectrice ***Pachamamac,*** et le mannequin de l'oncle *le Tio* à qui on offre feuilles de coca. Accoutré d'oripeaux et un peu effrayant, il est toujours à l'entrée de la mine, on lui donne aussi des cigarettes et des bouteilles de Coca-Cola[60] ! Sur le flanc du *Cerro*, des mineurs tamisent encore les déchets de la mine dans un espoir presque insensé.

Alcide fit l'ascension de ce cône rougeâtre et fort abrupt, rude épreuve qui permettait une vue panoramique de la vallée du Rio.

---

59. Les éditions boliviennes *los amigos del libro* dans la Collection *Sendas abiertas* ont publié, en 1998, le voyage d'un natif de Biscaye, **Accarette**, d'après l'édition française *La Route de l'Argent* par Utz, en 1992. **Accarette** connaissait le castillan, passant pour Espagnol, il chemina de Buenos-Ayres à Potosi de 1657 à 1660. Il nous informe que la ville avait atteint, en 1610, 160 000 habitants alors que Séville en avait à peine 45 000, Paris 60 000, Londres et Anvers 100 000 et Lima 279 000. Il décrit les fêtes, la beauté des palais, des églises, des couvents.

60. Les touristes courageux et curieux s'équipent de casques, de paletots, de bottes et explorent quelque temps les étroites galeries. Expérience éprouvante surtout par la rencontre avec les très jeunes gens armés de leur pioche dans un univers qui n'a que peu changé depuis d'Orbigny qui se scandalisait de ces terribles conditions. Des néerlandais ont offert, en 1995, une fontaine et un bassin qu'utilisent les mineurs en sortant, noircis des boyaux.

Oruro, ancienne ville minière :

Monsieur d'Orbigny et tout un chargement de caisses contenant animaux naturalisés, plantes séchées, graines, manuscrits, notes, gagne ensuite Oruro qui eut des mines d'argent et d'étain. L'état de grande misère l'atterre suscitant ces réflexions :

« *Telle que la chance des jeux, la richesse provenue seulement de l'exploitation des mines, est très éphémère. En effet, dès que le sol cesse de produire extraordinairement, la plus grande misère y vient de suite remplacer l'opulence. Cochabamba, comparée à Oruro, est une preuve frappante de la vérité de ce principe. La première ville, purement agricole, était méprisée en Espagne, parce qu'elle n'avait pas de mines d'or et d'argent, mais le peu d'importance qu'on lui accordait, durant la splendeur d'Oruro et Potosi, ne l'a pas empêchée de s'accroître chaque jour, jusqu'à devenir la plus florissante ville du pays. La cupidité des hommes pouvait seule leur faire braver toutes les intempéries de ce sol glacé des plaines d'Oruro, et leur donner l'idée d'y fonder une cité. Celle-ci a prospéré tant que ses mines ont produit de grandes richesses, mais dès que l'argent n'y a plus abondé, elle est tombée pour jamais dans une profonde misère*[61] ».

Aujourd'hui, la traversée de cette ville avec ses Indiennes affalées dans l'angle d'un trottoir et serrant un enfant chétif, émergeant d'un paquet informe de ce qui fut des ponchos de laine, serre le cœur.

Après Oruro, il visite encore la province de Carangas. Comme ses fouilles archéologiques y sont décevantes, il consent à acheter quelques antiquités. Lorsqu'il gravit le *Picara,* il découvre le spectacle grandiose des deux cordillères parallèles couronnées par le *Sajama* et l'*Illimani.*

VI - 7 - Retour à La Paz. Dernières collectes

Enfin, Alcide d'Orbigny rejoint La Paz, comme un premier retour à la maison en **juin 1833**, après trois ans d'exploration dans cette Bolivie, grande comme trois fois la France. Ne manque que la province septentrionale, le *Caupolican.* Il ignore que son maître

61. *Voyage,* tome III, p. 313.

Cuvier est décédé au moment de l'épidémie de choléra qui a sévi à Paris. Son jeune frère Charles-Henry, médecin et naturaliste s'y est particulièrement dévoué. Le naturaliste ne quitte pas La Paz sans avoir exploré les ruines aymara de Tihuanaco et navigué sur le ***lac Titicaca***, le miroir de plomb sous le soleil implacable de près de quatre mille mètres d'altitude.

Fig. 29 : Balsa sur le Titicaca.
(Gravure d'après d'Orbigny)

Souvent, il est repris par des fièvres intermittentes qu'il avait eues au pays des Moxos. Exténué, il accepte, un soir, l'hospitalité d'une ferme à Yambi Chambi où on lui parle *de condors pétrifiés.* Il y a de quoi être intrigué aussi, le lendemain : « ... *conduit par mon hôtesse et par ses enfants, je reconnus bientôt que les prétendus condors étaient des coquilles de spirifer, reproduisant assez bien un condor en vol* [62] ». Je vois très bien cette scène, osons dire romantique, du jeune homme superbe et hâlé traversant le paysage montagneux avec cette femme et les enfants, le tableau me ravit. Le naturaliste recueillit encore des *productus*, autres coquilles fossiles des temps primaires, le plaisir lui faisait presque oublier sa fièvre. Dans la partie paléontologie du récit de son voyage, il le nommera ***spirifer condor*** et précisera

62. *Voyage*, tome III, p. 358.

qu'il l'a recueilli, à 4000 m d'altitude dans une couche de calcaire gris d'âge carbonifère. Le lendemain, il peut reprendre son cheval, il n'a plus que douze lieues à parcourir pour revenir à la Paz où il trouvera l'indispensable sulfate de quinine.

« Une seule pensée m'occupait, c'était de rentrer dans ma patrie [63]***».***

C'est enfin l'adieu à La Paz dans son diadème de volcans enneigés. Dix- sept mules portent caisses et malles précieuses, les trois dernières années de notes, dessins et collections, une vie ne suffira pas pour tout exploiter.

Fig. 26 : Le Grand Condor.
(Gravure du *Voyage pittoresque*)

63. *Voyage,* tome III, p. 358.

VII - Un interminable Retour

Le navire *Le Philantrope* quitte le port d'*Arica* le **25 juin 1833.** Pour son commerce, le bâtiment doit d'abord remonter à Lima, où il s'arrête un mois. Alcide met ce temps à profit pour des récoltes diverses malgré des fièvres intermittentes. Il y rencontre la compagnie des officiers de l'état-major de Dupetit-Thouars, capitaine à bord du *Griffon* et saisit l'occasion de quelques achats de crânes et momies. Les savants européens se penchent désormais sur les origines de l'humanité.

L'escale à Valparaiso dure un mois et demi, on devine l'impatience du voyageur, accompagné de cinq Boliviens, et peut-être du brave Cachirulo. Il n'en parle pas mais pouvait-il abandonner ce fidèle compagnon ? Il n' a plus de nouvelles ni de sa famille ni du Muséum dont les subsides[1] se sont arrêtés comme ceux de François Masséna.

A la Rochelle, l'inquiétude est grande. Charles-Marie fait publier dans *L'écho rochelais* du 3 décembre 1833, des nouvelles transmises par un négociant américain qui « *a enfin rapporté au gouvernement des nouvelles certaines de M. Alcide d'Orbigny... qui devait sous peu se rendre au bord du Parana avec ses collections et fréter une grande barque pour descendre le fleuve jusqu'à Buenos Ayres, port dans lequel il comptait attendre le départ d'un bâtiment de l'Etat pour revenir en France...* » La « *nouvelle* » est plus qu'ancienne, elle daterait de 1829. Elle est fausse pour l'heure. Doit-on rassurer les esprits ?

Lorsque paraît le journal, le voyageur a déjà passé le cap Horn : « *Après avoir essuyé des gros temps sur la côte chilienne, je me trouvai, au commencement de novembre, par un calme parfait, à quelques lieues du Cap Horn, dont le cône écrasé, couvert de neige se dessinait à l'horizon. C'était la dernière partie de l'Amérique que je devais apercevoir*[2] ».

Le muséum de La Rochelle possède ces liasses de journaux, nous l'avons déjà dit, probablement collectionnés avec amour et fierté par Charles-Marie, le plus souvent un trait d'encre

1. Les allocations retardées, à cause de la faillite de la maison de commerce garante, lui seront versées au retour.
2. . *Voyage*, tome III, p. 406.

en marge attire l'attention. Après le numéro du 3 décembre 1833, c'est celui du 28 janvier 1834 qui publie un extrait d'une lettre de Patagonie du 6 mars 1829 relatant ses explorations périlleuses et les observations des peuples ***Araucanos***. Charles-Marie veut se rassurer lui-même. Alcide aurait-il disparu ?

Inquiétudes de l'arrivée à Bordeaux

Le *Philanthrope* est arrivé à Bordeaux le **24 janvier 1834**, sept mois après le départ des côtes de Bolivia... Une des lettres conservées au département de Phanérogamie du Muséum de Paris (aimablement communiquée par le professeur Jolinon) difficile à déchiffrer, dit l'inquiétude du naturaliste, elle est adressée à Adolphe Brongniart :

« *Je viens de revoir le sol chéri de la France, après 7 ans et demi d'absence, de travaux continuels, de peines, de fatigues et surtout de privations sans nombre, ce qui n'a jamais altéré ma robuste santé. Les contrariétés seules m'ont fait blanchir d'inquiétude et de soucis, il y a plus d'un an que je me trouve dans une position affreuse par suite de la suppression de mes appointements par le Muséum, et je me suis vu à la veille, sans de puissants amis de ne jamais pouvoir revoir ma chère patrie quoique je fusse chargé des plus beaux travaux...* »

La lettre détaille ensuite pour son correspondant qui est botaniste, les graminées rapportées, toutes les plantes, phanérogames et cryptogames, il parle de sa riche collection de palmiers : « *Le travail que j'ai sur les Palmiers est magnifique, il est composé de 74 planches faites avec soin, et des descriptions autant complètes que possible, pour ce que je pensais nécessaire, je crois que ce travail vous fera plaisir et qu'il sera peut-être intéressant à publier, du moins réuni avec ceux que je rapporte sur la zoologie et géologie, et pour prouver que je m'occupai sans relâche de ma mission, et qu'ils en feront sortie de l'oubli dans le quel j'étais de la part de presque tous mes amis et protecteurs* ».

Après les salutations, il ajoute en post-scriptum « *Veuillez si vous le pouvez, m'écrire poste restante à Bordeaux me donnant quelques détails sur l'état des choses à Paris* ».

On ne possède pas la réponse de l'ami Adolphe avec qui il correspondait déjà lorsqu'il était encore à La Rochelle, donnant le temps que lui laissait son emploi de bureau à l'étude des fossiles microscopiques. On devine l'intervention du botaniste, en effet on peut lire dans *Le Temps*, édition de Paris du 29 janvier 1834 :

« *On annonce le retour de M. Dessalines d'Orbigny avec des dessins, des carnets de notes, plus de 3 000 plantes. La publication de toutes ses richesses scientifiques formera - si elle a lieu - un ouvrage d'une haute importance et digne de servir de complément aux recherches de MM. Humboldt, Auguste de Saint-Hilaire et Spix* ». Souvenons-nous que Jean-Théodore Lacordaire est rédacteur au *Temps*.

Par ailleurs, le 31 janvier *L'écho rochelais* publiait « *ceux de nos abonnés qui ont pris intérêt au sort de notre compatriote M. Alcide Dessalines d'Orbigny, pendant son voyage de découverte dans l'intérieur de l'Amérique méridionale apprendront avec plaisir son heureuse arrivée à Bordeaux. Il amène avec lui cinq jeunes Boliviens qui lui ont été confiés, pour perfectionner leur éducation dans notre capitale, et il compte s'arrêter quelques jours à la Rochelle en se rendant à Paris. Nous donnerons dans un prochain numéro le résumé de ses travaux* ».

Ce **31 janvier**, Alcide est encore à Bordeaux dans l'angoisse de l'attente de la réponse d'Adolphe Brongniart mais au moins la famille est rassurée... On devine la lettre de l'ami Adolphe, par celle d'Alcide, également conservée au département de Phanérogamie et postée de Bordeaux le 2 février. La réponse lui a appris que celui-ci depuis 1833, est professeur au Muséum, aussi il lui écrit :

« *Votre lettre m'a fait éprouver un bien vif plaisir vous sachant dans une belle position qui du reste devait toujours vous revenir mais elle m'a fait une peine telle pour mes rapports avec le Muséum que depuis cet instant je suis comme un condamné qui attend le supplice, cependant je vous le répéterai mes relations sont aussi pures que l'a été ma conduite et ne sais que penser de cette fatalité qui me poursuit. Demain, je pars pour la Rochelle où je resterai seulement 3 jours et dans 8 à 9 jours je suis à Paris où j'ai besoin de faire cesser la mauvaise opinion qu'ont pu causer les cancans que l'on a fait courir sur mon compte, et chercher à faire revenir MM. les Professeurs lorsqu'ils connaîtront mes travaux et ma conduite. A Paris je vous instruirai plus au long de mes travaux et peut-être ferez-vous renaître en moi un espoir que je n'ai plus maintenant, du reste jamais mon intention ne fut de choquer le*

Muséum ni de parler mal de lui ce que j'ai écrit était le résultat d'un caractère aigri par l'infortune, mais veuillez croire à ma prudence qui, j'espère ne compromettra jamais votre amitié. Votre malheureux ami ».

Alcide va quitter Bordeaux le 2 février pour La Rochelle, les émotions de la famille et des amis et il rejoint Paris, il doit y faire ses preuves.

Dans les mêmes termes que *Le Temps*, le retour du voyageur est annoncé dans *le Journal des débats* le 5 février. Dans le récit du voyage qui sera publié entre 1835 et 1847 ; car d'autres tâches de paléontologie et de stratigraphie solliciteront l'ardeur du naturaliste, on lira : « *Le 1er février 1834, les observations ayant annoncé l'approche de terre, j'éprouvai un bonheur que rien ne peut égaler. La nuit, la sonde toucha le sol de la France. Je me levai pour en voir les premiers grains de sable, en éprouvant une émotion impossible à définir. Peu d'instants après, le phare de la tour de Cordouan nous annonça l'embouchure de la Gironde, où j'entrai le 2 février. Toutes mes souffrances passées étaient oubliées. Je revoyais ma famille, mes amis...et j'allais commencer une existence nouvelle* [3] ».

---

3. *Voyage*, fin du tome III consacré à l'itinéraire.

VIII - A la rencontre de Paris

Aux dix-sept caisses de La Paz s'ajoutent celles qui ont traversé seules l'Atlantique. Inventaire : 180 espèces de mammifères, 800 oiseaux, environ 6 000 insectes, 200 poissons, 110 reptiles, 800 mollusques et coquillages, 3 000 espèces végétales dont plus de soixante palmiers, des cartes, dessins... Un trésor incroyable.

Alcide d'Orbigny vient présenter à L'Académie l'ensemble de ses recherches qui sont examinées par une commission de cinq membres, selon leur spécialité. En zoologie Blainville et Geoffroy déclarent : « *que les observations zoologiques de M. d'Orbigny, en partie déjà rédigées et souvent accompagnées de figures coloriées faites sur le vivant, ainsi que les collections d'animaux à l'appui, doivent combler plusieurs lacunes qui existaient dans notre collection. M. d'Orbigny a réussi dans sa mission dans des limites fort larges et d'une manière aussi importante pour la science elle-même que pour nos collections.* » C'est aussi l'avis d'Adolphe Brongniart pour la botanique.

Louis Cordier loue particulièrement « *un atlas de huit feuilles, offrant des coupes figuratives de la disposition des terrains, plus de six cents échantillons de roches choisis avec discernement et accompagnés de catalogues circonstanciés.* » Tous les professeurs sont unanimes sur la qualité et l'ampleur de la quête qui a été faite.

En géographie, le rapporteur est Savary qui écrit : « *les formes du terrain, dessinées à une grande échelle, sont exprimées au pinceau avec un talent très remarquable* » et plus loin :« ***Plus de trente-six vocabulaires différents ; des traces de système de numération, dont la base est ici le nombre cinq, ailleurs le nombre douze ; des singularités frappantes et caractéristiques, telles qu'une langue parlée dans une étendue considérable de pays, et dans laquelle chaque objet a deux noms exclusivement employés, l'un par les hommes, l'autre par les femmes, toutes ces données, dont plusieurs se lieront peut-être aux rapports et aux grandes migrations des peuples, ajouteront sans doute au prix***

des relations qu'on doit attendre de M. d'Orbigny. L'Histoire des arts y trouvera aussi quelques documents précieux »[1].

On voit la pertinence de Savary qui entrevoit la portée ethnologique du travail de d'Orbigny.

Le journal *Le Temps* publie le mercredi 12 mars 1834, l'exposé de la séance de l'Académie des Sciences.

Dans les feuilles *Affiches de La Rochelle*[2], on remarque, attiré par les croix et lignes d'encre noire : *« **Voyage Scientifique de M. d'Orbigny en Amérique**. M. d'Orbigny, notre compatriote, a récemment passé quelques jours, à la Rochelle, allant à Paris pour y rendre compte du résultat du voyage scientifique qu'il vient de faire... Nous trouvons dans l'exposé de la séance de l'Académie des Sciences, en date du 10 de ce mois, le sommaire des importants travaux de ce jeune naturaliste. »* On peut imaginer la joie des parents, d'Estelle, la sœur aînée, des jeunes frères déjà ouverts aussi aux sciences de la nature par les soins d'un père exceptionnel, la joie aussi des amis rochelais.

D'après les rapports des *Commissions*, la Société de Géographie, une des plus anciennes sociétés savantes, fondée en 1821, lui accorde son grand prix annuel.

Le Journal des Débats[3] du **27 mars 1834** écrit : *« A propos des encouragements du ministère de l'Instruction Publique pour l'ouvrage de Bory de Saint-Vincent sur la Morée, l'Académie des Sciences demande les mêmes encouragements pour les travaux de M. d'Orbigny qu'il va examiner par six commissions ».*

En écho aux jalousies et calomnies évoquées dans les lettres de Bordeaux, nous lisons dans *Le Corsaire* du 21 avril 1834[4] : « *de tous les voyageurs envoyés en terre lointaine par le Muséum, il en est peu qui aient rempli les vues de cet établissement avec plus de succès que M. Alcide d'Orbigny. S'il avait eu le malheur de succomber à ses fatigues au centre de l'Amérique méridionale qu'il explora durant sept ans, on en parlerait comme on fait de ceux dont la célébrité n'incommode plus personne parce*

1. *Compte Rendu de la Commission de l'Académie des Sciences*, le 21 avril 1834.
2. Journaux conservés au muséum de La Rochelle.
3. Idem.
4. Idem.

que la mort mit un terme aux prétentions qui auraient pu gêner certains ambitieux sédentaires. Mais M. d'Orbigny revient riche de découvertes en tout genre et de collections convoitées ; il a de quoi faire cinq à six réputations scientifiques dans son portefeuille. Ceux qui auraient le droit de puiser à pleines mains dans ces trésors, eussent-ils voulu exproprier le zélé voyageur et lui chercher chicane sur plus d'un point, afin d'avoir un prétexte d'ingratitude ; mais M. d'Orbigny a trouvé des appréciateurs de son rare mérite ; on a su que plus d'un ami des Sciences pourrait bien réclamer très haut sa faveur, et malgré quelques intrigues, ses collections ont été exposées au Muséum, où tout le monde a pu admirer les 180 espèces de mammifères. L'Académie des Sciences a vu avec admiration les innombrables cahiers de magnifiques dessins et peintures qu'il a faits... Nous jouirons dit-on bientôt de la publication du Voyage de M. d'Orbigny. » Je n'ai pas de réponse aux énigmes, je ne sais pas qui accuser mais la société humaine, qu'elle soit scientifique ou autre a ses constantes admirables ou méprisables.

Les réverbères à gaz commencent à éclairer les rues de Paris. Louis-Philippe a remplacé Charles X dans une monarchie constitutionnelle qui va favoriser le développement du commerce et des transports. Depuis 1828, circulent des *omnibus* à trajets réguliers, comme le *Madeleine-Bastille* et horaires qui veulent être fixes[5].

Alcide loge d'abord chez son frère, Charles-Henri, rue de la Contrescarpe, sur la montagne Sainte-Geneviève, non loin du Jardin des Plantes. Les lettres traduisent une vie relationnelle chaleureuse : « *Mon cher d'Orbigny. Serez-vous assez aimable pour venir passer quelques moments à l'heure du dîner jeudi prochain. Vous vous trouverez avec Léon Dufour et quelques personnes de la famille et de vos amis* » lui a écrit[6] madame Veuve Audoin en 1835. Madame Audoin veuve du notaire, est la mère de l'ornithologue, Victor Audoin, qui a épousé Mathilde, une des filles d'Alexandre Brongniart. Léon Dufour a publié dans le *Bulletin de*

5. Ces voitures étaient dues à M. Baudry, commerçant nantais qui en avait obtenu l'autorisation du préfet de police, M. de Beylleme. Le nom viendrait du nom de M. Omnes Omnibus qui tenait à Nantes un commerce de chapeaux et devant lequel stationnaient les voitures

6. Médiathèque de La Rochelle, Ms 654. F° 148.

la Société Linnéenne le fruit de ses collectes botaniques alors qu'il suivait l'aventure napoléonienne en Espagne[7].

Autre invitation de Deshayes, spécialiste des coquilles, la conchyologie, « *j'ai parlé de vous à un homme de grand mérite et qui a fait de longues études sur les langues. Le mal que je lui ai dit de vous lui fait vivement désirer de vous connaître et j'ai pensé que le meilleur moyen de causer était de vous réunir demain à 5 heures et de passer ensemble la soirée ... Adieu tout à vous de cœur* »[8]. Point de formule de politesse compassée mais une joyeuse amitié.

Voici encore une courte lettre d'Adolphe Brongniart : « *Mon cher ami. Pouvez-vous me faire le plaisir de venir dîner lundi prochain ; je veux faire honneur à un botaniste voyageur M. Blume en le mettant en société avec nos voyageurs naturalistes les plus distingués. J'espère bien que rien ne vous empêchera d'accepter. Tout à vous*[9] ».

Le même dossier garde encore une invitation de M. de Roux, président de la Société de Géographie. Les inquiétudes du retour à Bordeaux sont tout à fait envolées. M. Alcide d'Orbigny est maintenant dans ce milieu scientifique et chaleureux qui gravite autour des Brongniart.

Dans une tournure très pittoresque et assez piquante, quelques lignes du journal du médecin et naturaliste Moquin-Tandon, tenu en 1834[10], nous apprend que lui-même et quelques hôtes choisis dont Alcide, ont été invités à la Manufacture de Sèvres chez M. et Mme Brongniart, le 25 septembre 1834. Ils avaient emprunté la diligence qui partait du Louvre en direction de Versailles. Une visite complète des ateliers de la manufacture et de ses richesses précéda le dîner où l'on parla beaucoup de théâtre.

---

7. **Léon Dufour** (1780 Saint-Sever-Paris 1865). Médecin ordinaire du maréchal Moncey pendant l'expédition d'Espagne, il écrivit dans ses mémoires : « *j'étais loin de soupçonner alors que, sous prétexte de l'expédition contre la citadelle de Gibraltar, nous allions allumer une guerre aussi injuste que désastreuses.* » Voir l'article de Marcel Saule dans les *Actes du Colloque de Pau* de 1993.
8. Médiathèque de La Rochelle, Ms 654, F° 147.
9. Idem. Ms 654, F° 149.
10. *Un naturaliste à Paris* . 1834. édition Sciences en Situation. 1999. 91 380 Chilly-Mazarin 9.

Le chimiste Jean-Baptiste Dumas, époux d'Hermine Brongniart était de la partie ainsi que Victor Audoin et Mathilde et aussi Adolphe. Ils prirent congé à 8 h 30, après le café :

« Quand nous sommes arrivés au bureau de la diligence, cette dernière ne pouvait disposer que de deux places, et nous étions dix. Ces places étaient sur l'impériale, MM. Libri et le physicien Melloni les ont prises. Nous avons fait la découverte d'un vilain « coucou » qui pouvait loger six personnes dans ses flancs, et deux à côté du cocher, nous avons retenu le susdit coucou ; M. et Mme Blume, MM. Leprieur, d'Orbigny, Dugès, Adolphe ont pris place dans l'intérieur. M. Bérard et moi nous avons voyagé en lapins (sic). Nous sommes arrivés à Paris à 10 h 30 ».

Dans les jours suivants, Moquin-Tandon rend visite à Alcide et admire les objets rapportés du voyage : vases, flèches, manuscrits, dessins, en particulier les magnifiques palmiers.

Arcisse de Caumont[11] membre de la Société géologique de France, convia M. d'Orbigny au deuxième Congrès Scientifique qu'il organisait à Poitiers, le récit du *Voyage en Amérique méridionale* était très attendu.

Arsène Isabelle est revenu aussi en 1834 de son voyage et sans tardé, il envisage la publication de son périple.

Le Havre, 11 mai 1835.

« Mon cher M. d'Orbigny,

Voici le prospectus spécimen du petit ouvrage que je décide à publier au Havre, afin d'encourager les presses en province. J'espère que MM. Les monopolisateurs de Science ne s'en fâcheront pas trop. / Les centripètes.

Est-ce trop présumé de croire que vous vous voudriez bien m'accorder votre appui en souscrivant à mon voyage et en le recommandant à ces MM. du Muséum. Comme la liste des souscripteurs doit être jointe au volume, je me trouverai infiniment honoré d'y voir figuré votre nom, ainsi que celui de M. Geoffroy

11. **Caumont Arcisse de** (Bayeux 1801-Caen 1873), membre de nombreuses sociétés savantes, fonda en 1834 la Société des Antiquaires de Normandie et publia des *abécédaires* pour vulgariser les notions d'architecture. Il établit la première carte de géologie de la Normandie. Il fut l'objet d'un colloque qui se tint à Caen, les 14, 15 et 16 juin 2001.

Saint-Hilaire ; je vous en aurai grande obligation si vous voulez leur en parler.

Il me devient extrêmement urgent que vous me remettiez les lithographies que je vous ai prêtées, avec l'ouvrage d'Arenales ; ainsi je compte que vous me les adresserez par la diligence ou que vous les ferez remettre chez M. Desbarielles avec la troisième livraison de votre voyage. En attendant, croyez à toute la considération que je vous porte.

Arsène Isabelle. Voici une lettre[12] *pour M. votre frère.*

Le livre fut promptement publié, dédié au Commerce du Havre. La liste des souscripteurs comprend de nombreux Havrais, les deux frères d'Orbigny, Bory de Saint-Vincent, Benjamin Delessert. Ces MM. du Muséum ne se commirent pas avec le *commerçant* aux propos assez alertes. Pourtant, M. Isabelle avait montré ses collections au Muséum, les minéraux avaient été identifiés par Louis Cordier. Pour certaines déterminations d'arbres, de fleurs, d'oiseaux ou de poissons, il s'en rapporta à Alcide qui avait traversé les mêmes horizons. Comme lui il s'était muni du livre de Félix de Azara. Pour les mousses et les fougères il avait fait appel à Bory de Saint-Vincent[13].

Le 29 avril 1836 est fondée *la Société de Sciences Naturelles de La Rochelle* avec Fleuriau de Bellevue et Charles-Marie, celui-ci a 66 ans, il a cessé ses courses et collectes le long des côtes atlantiques, plongeant pour atteindre une algue nouvelle ou un crustacé inconnu. Il prépare ce qui va être le muséum d'Histoire Naturelle de la Rochelle, organisateur efficace et dévoué jusqu'au bout de ses forces. Les quatre fils d'Orbigny participent à cette création, Edouard, employé aux Contributions indirectes, Salvador vérificateur des poids et mesures, il sera conservateur adjoint[14], Alcide et Charles-Henri comme correspondants à Paris.

---

12. Médiathèque de La Rochelle, Ms 654. F° 160.

13. Dans l'introduction de l'ouvrage, M. Isabelle dit sa gratitude pour plusieurs personnes rencontrées au cours de son voyage, ainsi le négociant, Joseph Ingres, qui est le frère du célèbre peintre, ou José Arenales, ingénieur à Buenos-Ayres qui lui a donné *Noticias historicaos et descriciones sobre el gran pais del Chaco et Ria Bermejo, con observaciones relativas a un plan de navigacion et colinisacion que se propone*, publié à Buenos-Ayres en 1833.

14. Voir les *Annales de La Société des Sciences Naturelles de Charente Inférieure* sur le Centenaire de la Société en 1936.

IX – Premières publications (1835-1839)

IX - 1 - Les premières livraisons du *Voyage*

A Paris, en même temps que l'étude des collections pour laquelle il sera aidé des spécialistes du Muséum, Alcide, gratifié d'une confortable subvention, commence la rédaction de son *Voyage*. La publication en est ordonnée par le ministre de l'Instruction Publique, Guizot, en fonction des rapports élogieux de l'Académie. L'ouvrage est dédié au Roi, Louis-Philippe qui lui a donné l'autorisation de porter la décoration d'officier de la Légion d'Honneur bolivienne que lui avait remise le général de Santa Cruz.

Fig. 27 : Portrait d'Alcide d'Orbigny vers 1834.

Comme il était habituel, l'ouvrage sera publié par livraisons. Sont prévues 75 livraisons, chacune de six à sept feuilles de texte et six planches, confiées aux meilleurs artistes (ce seront surtout Sainson et Delarue) avec une parution par mois à partir de janvier 1835. On souscrit à Paris, Nantes, Bordeaux, Marseille, Strasbourg, mais aussi Londres, Saint-Pétersbourg, Naples, Hambourg, Leipzig. Les premières livraisons lui valent une lettre de félicitations de l'Institut. Les récits de voyages sont alors très prisés. Lamartine publie *Voyage en Orient*.

A la demande de l'éditeur parisien, Tenré, Alcide rédige un fort volume ***Voyage Pittoresque dans les Deux Amériques***, selon l'itinéraire et les découvertes d'un voyageur imaginaire, à l'aide de son expérience et consultant nombre de notes et autres récits de voyage, les illustrations font aussi l'attrait de l'ouvrage qui sera encore réédité en 1841 et en 1856. La page de garde présente quatre portraits : Christophe Colomb, le baron de Humboldt, Guillaume Penn, londonien qui organisa la secte des Quakers et obtint pour eux une colonie, la Pennsylvanie, et enfin Alcide d'Orbigny dans une allure déterminée et romantique. Cette récollection des voyages a demandé beaucoup de travail. A la lire, on devine l'enthousiasme de l'auteur et la véracité de ce qu'il déclare dans le premier chapitre : « *On naît avec le goût des voyages, on ne l'acquiert pas. Exalté par le temps, mûri par les obstacles, ce goût devient une passion...Otez à l'homme la passion de voir et de savoir ; et le globe se fractionne pour dépérir dans l'isolement. La passion des voyages est un instrument providentiel, le plus actif, le plus puissant de tous. La semence du progrès doit voyager sur toute la surface du globe...* » Le texte de ce *Voyage Pittoresque* est si convaincant que des compilations rapides font croire que le naturaliste a accompli un deuxième voyage, quittant Bordeaux, en 1841[1]...

M. d'Orbigny est exigeant, de nombreuses lettres avec Tenré ou l'éditeur du *Voyage*, Pitois-Levrault, montrent que les relations n'étaient pas toujours simples, textes qui ne sont pas conformes, délais d'épreuves qui ne sont pas respectés, comptes

1. Ainsi l'écrit Edward J. Goodman dans son ouvrage *The Explorers of South America* publié, à New York, en 1972 et réédité, en 1992, par l'Université d'Oklahoma.

d'auteur qui ne sont pas versés, les aléas de tout temps entre auteur et éditeur.

Les illustrateurs du *Pittoresque* sont Louis-Auguste de Sainson qui a voyagé sur *l'Astrolabe* et Jules Boilly.

Avec ces derniers, les relations sont au contraire, très amicales. Comme les dessins de Jules Boilly sont terminés pour le *Voyage Pittoresque*, Alcide lui répond[2] :

« Paris, 1er avril 1836.

A M. Boilly, rue Meslay, n° 26.

Monsieur,

J'ai été trop flatté de l'aimable lettre que vous venez de m'écrire pour ne pas m'empresser de vous répondre et de venir vous remercier du prix que vous voulez bien attacher aux relations que nous avons eues jusqu'ici.

Croyez, Monsieur, que tout en voyant aussi avec peine le moment où elles vont devenir plus rares – j'espère pourtant que ce ne sera point une raison de rompre entièrement des relations qui m'ont toujours été on ne peut plus agréables. J'aurais bien certainement le plaisir d'aller vous voir et vous, Monsieur, que vous voudrez quelquefois me faire une petite visite... »

Le voyageur promet ensuite son aide pour la collection d'autographes que recherche M. Boilly, sûr de lui obtenir au moins, celle de Léonce Elie de Beaumont[3], l'éminent géologue professeur au Collège de France. Il l'assure ensuite de ses sentiments affectueux.

Une lettre du dossier Ms 654 adressée à ce dessinateur par Alcide regrette que leur collaboration soit terminée en espérant que leurs relations amicales vont se poursuivre. Il promet aussi d'obtenir un autographe d'Elie de Beaumont pour l'artiste qui en fait collection.

---

2. Médiathèque de La Rochelle, Ms 654.F° 91.
3. **Elie de Beaumont Léonce**, (Canon, Calvados-1798 – idem 1874) Ingénieur du corps des mines, il établit en 1823, avec Dufresnoy, la première carte géologique de France. Sa théorie sur la surrection des chaînes montagneuses en corrélation avec les catastrophes fût suivie par de nombreux géologues dont Alcide. Secrétaire perpétuel de l'Académie en 1853.

M. d'Orbigny porte le souci du devenir des Boliviens qui sont revenus avec lui ; il écrit[4] au Comte de Montalivet, intendant de la Liste civile, le 26 juin 1835 :

« *Monsieur le Comte, ...le gouvernement bolivien a placé sous ma direction, et sous ma surveillance, quelques jeunes Boliviens qu'il envoyait à Paris, à l'effet d'y faire ou d'y compléter leurs études industrielles et scientifiques.*

L'un d'eux, M. Berrios, est sur le point d'atteindre ce but, mais il lui reste quelques notions spéciales à recueillir ; et j'ose me prévaloir de la bienveillance que vous avez déjà plus d'une fois daigné me témoigner, pour vous prier de vouloir bien avoir la bonté de lui faire obtenir l'autorisation nécessaire, pour suivre, dans le cours du mois d'août, les travaux de la manufacture royale de Choisy le Roi. En obtempérant à ma demande, M. le Comte, vous contribuerez à reconnaître les services et l'appui que j'ai reçus du gouvernement bolivien dans mes voyages sur ses domaines ....

Votre très humble et très obéissant Serviteur

Alcide d'Orbigny, rue Contrescarpe, n° 25 ».

La Bolivie est un sujet de conversation à la mode. La reconnaissance diplomatique de ce pays neuf ne s'était faite que peu à peu. En créant le port de Cobija, rival du port péruvien d'Arica, la Bolivie avait demandé la protection d'un pavillon français, ce qui fut accordé en mai 1831. Un correspondant commercial qui prendra ensuite le titre de consul de France, Buchet-Martigny, prépara à Paris un traité d'accord de commerce entre la France et la Bolivie. Il quittera Brest en octobre 1833 avec les insignes de l'ordre de Grand Officier de la Légion d'Honneur pour le général de Santa Cruz, dans une boîte précieuse. Buchet-Martigny connaîtra toutes les péripéties possibles dans son voyage : tempêtes, maladies, naufrages, le voyage dura presqu'un an. Il arriva à Chuquisaca (Sucre) où est le Président, le 2 novembre de l'année suivante et le traité sera ratifié le 6 novembre 1834.

Dès 1835, Alcide d'Orbigny demeure 5, rue Louis le Grand, dans le même immeuble que l'avocat **Joseph Gaudry**[5]. De

---

4. Médiathèque de La Rochelle, Ms 654.F° 94.

5. **Gaudry Joseph** (Haute-Marne 1790-Paris 1875).Neveu par sa mère de l'inventeur du gaz d'éclairage Philippe Lebon d'Humbersin, il est marié à Julie,

prestigieuses personnalités fréquentent le salon Gairal-Gaudry : le comte et préfet de police Dubois, le bâtonnier Bonnet, Claude de Cherrier, membre de l'Académie des inscriptions et belles-lettres, ils peuvent s'enchanter des récits du jeune d'Orbigny.

M.Nodot, directeur du muséum d'Histoire Naturelle de Dijon a écrit, souhaitant un échange de fossiles. Flatté, Alcide lui répond :

Paris, 25 novembre 1836,

« Monsieur,

....puisque vous avez bien voulu m'écrire, je m'empresse de vous répondre et de vous dire combien je suis heureux de pouvoir correspondre avec vous....

...ce qui me ferait le plus plaisir serait de pouvoir obtenir la collection la plus complète possible des fossiles de tous genres de vos riches terrains qui, je sais, abondent en coquilles, échinodermes, et polypiers, tout en insistant surtout sur les coquilles cloisonnées et les encrines, sur lesquelles je réunis maintenant des matériaux pour des publications... Je puis vous offrir en échange des objets de l'Amérique méridionale, des oiseaux parmi lesquels des genres peu communs dans les collections, des insectes coléoptères, mais surtout des coquilles marines de la côte du Pérou et de la Patagonie ou des coquilles terrestres et fluviatiles de l'intérieur du Continent américain et des grandes rivières qui le sillonnent ou bien encore des polypiers flexibles.

Veuillez agréer, Monsieur, l'assurance de la haute considération de votre dévoué serviteur.

Alcide d'Orbigny. 5, rue Louis le Grand[6] *».*

---

fille du bâtonnier Gairal de Sérézin. Passionné de sciences naturelles, il a coutume de faire chaque année des randonnées à pied, en Auvergne, en Suisse. avec ses quatre enfants dont Marie et Albert. Il récolte des minéraux et confectionne des herbiers rédigeant ses impressions de voyage comme il a rédigé un journal de sa vie pour ses enfants. En 1839, il fit une excursion dans les Pyrénées avec Alcide. C'est la passion commune pour l'observation et la connaissance de la nature qui va lier les deux hommes, Alcide et Joseph Gaudry, explorant ensemble les carrières de Montmartre et, en 1839, faisant un voyage d'étude dans les Pyrénées.

6. Médiathèque de La Rochelle, Ms 654. F° 101.

L'esprit encore imprégné de ces années magnifiques et périlleuses sur les terres américaines, d'Orbigny amorce une étude des coquilles fossiles auquel il va s'attacher opiniâtrement, sûr qu'il a, là, une classification éclairante à faire. Ces *médailles* de la nature correspondent à des périodes successives de l'histoire de la Terre comme les pièces de monnaie, retrouvées en fouilles, signent une occupation romaine, mérovingienne, carolingienne...

Après les bouleversements révolutionnaires et les guerres napoléoniennes, l'Europe se retourne vers son passé, dans un mouvement général. Dès 1807, les frères Grimm recueillaient les vieux contes du folklore, Pouchkine recensa ceux de sa nourrice, dans son exil, près de Pskov, Charles Nodier et le baron Taylor envoyèrent les jeunes talents, Delacroix, Bonington, Géricault, dessiner les ruines des châteaux et cathédrales. En 1831, Victor Hugo a fait publier *Notre-Dame de Paris.* Le mot *gothique* n'est plus péjoratif, Arcisse de Caumont a fondé, en 1834, la *Société Française d'Archéologie.* Mérimée est inspecteur de la Commission des Monuments Historiques créée par Guizot. La planète terre doit, elle aussi, aussi révéler son passé, c'est la tâche exaltante des géologues et paléontologues.

En 1836, Alcide d'Orbigny a épousé Mademoiselle Pamela Martignon. Entré dans un monde de bourgeoisie cultivée et férue de sciences, il invite M. Decaisne, botaniste attaché au Jardin des Plantes dans une lettre[7] du 22 juillet 1837.

« Monsieur, C'est dans l'espoir d'être cette année plus heureux que l'an passé où nous avons été privés du plaisir de vous recevoir que je viens tant en mon nom qu'en celui de M. et Me Martignon vous demander si vous seriez assez aimable pour nous accorder à Viroflay la journée du dimanche 30 juillet.
...S'il vous était agréable de visiter le musée de Versailles, nous devons y aller ce jour avec quelques bons amis et nous serions bien heureux de pouvoir vous compter du nombre....de votre tout dévoué serviteur

Alcide d'Orbigny, 5, rue Louis Le Grand, Paris.
Adresse à Viroflay, face à la chaumière de la Poste Royale ».

---

7. Médiathèque de La Rochelle, Ms 654. F° 108.

Alcide d'Orbigny pourrait se consacrer à la rédaction de son voyage d'après ses notes et à l'exploitation de la multitude de matériaux rapportés mais il n'était sûrement pas homme à s'installer dans une gloire passagère. L'étude des fossiles et des foraminifères qu'il avait commencée avec son père ne le quittera pas. Il veut comprendre l'histoire de la planète et est sûr que ces coquilles fossiles que tant d'amateurs se plaisent à chercher et collectionner en peuvent dévoiler les étapes.

IX - 2 - L'Homme Américain

Toutefois, il va publier dès 1839 ***L'Homme américain***, ce qui désigne les peuples indigènes avant la colonisation espagnole. Les interrogations sur les groupes humains, initiées dès la *découverte* de l'Amérique avaient surtout porté sur leur aspect physique. Alcide d'Orbigny associe l'anthropologie, l'ethnographie, la linguistique, utilisant aussi les méthodes de la statistique[8].
Cet ouvrage de synthèse est toujours une référence. Il se compose de deux tomes publiés chez Pitois Levrault à Paris et à Strasbourg, il est dédié au baron de Humboldt dont il avait reçu conseils et instructions avant de partir et dont il se dit admirateur. Cuvier ne se croyait pas autorisé à faire entrer ces peuples dans une des trois grandes races, (blanche, noire et jaune.) d'Orbigny écrit :

« Nous commencerons par déclarer que notre conviction intime est que, parmi les hommes, il n'y a qu'une seule et même espèce ».

C'est autour de Corrientes que le naturaliste avait noté ses premières observations sur les Indiens, en particulier les Guaranis. Auparavant, il avait surtout fréquenté les créoles, fiers de leur indépendance encore récente.

D'Orbigny constate que dans son voyage sur l'Orénoque, Humboldt a trouvé les mêmes coutumes et les mêmes mots chez les nations : Caribes, Omogas, Chaïmas, Tamanaques. Il en conclut

8. Riviale Pascal, *Alcide d'Orbigny, « L'Homme Américain » et les débuts de l'anthropologie*, dans M. Bertrand et L. Vidal dans *A la découverte des Amériques*, p. 37 à 52. Presses Universitaires du Mirail. 2002.

avec raison que les Guaranis s'étaient étendus sur presque toute la longueur de l'Amérique méridionale.

L'étude des mœurs, des religions traduit la sensibilité, l'absence de préjugés du jeune voyageur.

« *Les Guaranis révéraient sans le craindre, un être bienfaisant, le* ***Tamoi*** *ou Vieux du ciel qui avait vécu parmi eux, leur avait enseigné l'agriculture, et ensuite avait disparu à l'Orient d'où il les protégeait* » ou encore : « *Le Guarani, dans l'autre monde, retrouve, avec une chasse abondante, toutes ses femmes redevenues jeunes* [9] ». D'Orbigny a distingué une race ando-péruvienne, une race pampéenne et une race brasilio-guaranienne, le mot race désignant plus précisément des rameaux, d'Orbigny affirme avec force qu'il n'y a qu'une seule race. On peut rappeler qu'en 1793, un certain Meiner déclarait qu'il n'y avait que deux races : la Belle qui est blanche et la Laide qui comprend le reste du monde. D'Orbigny voulait s'opposer aux idées reçues qui survivront encore et contredire Antonio Ulluoa, l'officier de marine de Séville qui avait accompagné l'expédition La Condamine au milieu du 18ème siècle. Au cours du récit de *Voyage*, d'Orbigny a souvent rappelé les dures conditions imposées aux indigènes par les Espagnols : « *ils résistent aux plus rudes travaux, c'est pourquoi Ulluoa les traite de brutes. Il nomme insensibilité le courage avec lequel ils supportent les souffrances* ». Il est plus facile de justifier les pratiques barbares comme la *mita", travail forcé* si on leur dénie l'intelligence. Ses remarques sur les réactions des Indiens devant les conquérants sont très pertinentes : « *La soumission facile des indigènes américains aux conquérants du nouveau monde tenait plus à ces dispositions morales qui leur sont naturelles, qu'à la seule bravoure de ceux-ci puisque les nations qui leur ont résisté au temps de la conquête sont encore libres, tandis que celles qui les reçurent en amis sont toutes soumises. Le rameau des Péruviens est entièrement soumis tandis que celui des Araucaniens s'est laissé décimer plutôt que de se plier aux exigences européennes... le rameau pampéen, le plus méridional des trois, offre absolument les mêmes résultats que les Araucans. Là nul n'est chrétien, tous sont encore libres* [10] ».

---

9. *L'Homme Américain*, p. 283.
10. *Ibid.*, p. 30.

On imagine le succès de ce livre et les discussions passionnées qu'il a suscitées. L'étude de la diversité des langues l'amène à de profondes réflexions : « *Plus nous pénétrons dans le génie des langues, plus nous les concevons, et plus nous reconnaissons qu'elles sont extrêmement riches, abondantes. Si l'on pouvait étudier à fond le guarani, le quichua , le Chiquitos, comme on étudie le grec, le latin, on pourrait se convaincre du fait* [11] ».

Il insiste encore sur la richesse de leur poésie, leurs dons d'orateur, leurs comparaisons élégantes. « *Auprès des Patagons, vit une peuplade qui porte le nom d'Aucas... Lorsqu'ils célèbrent la naissance d'un de leur fils, ils lui souhaitent la bravoure, et avant la bravoure, l'éloquence* [12] ».

Dans le tome III du *Voyage*, page 31, il écrit (en 1844) que la langue des Chiquitos lui a semblé la plus riche, avec des sonorités très douces, de nombreuses combinaisons de particules. Sa fécondité est presque illimitée en ce qu'elle désigne de mots différents les objets selon que le locuteur est masculin ou féminin.

Le peuple des Yuracarès vivant au cœur des forêts au nord de Cochabamba, entre le rio Mamoré et le rio Sécuri que les indigènes appellent aujourd'hui, ***rio d'Orbigny***, révèle une mythologie fort complexe et une genèse qui, à l'inverse de ce qui est le plus répandu ne fait pas état d'un déluge mais d'un incendie qui aurait fait disparaître tous les humains. Un être surnaturel, *Tilli*, élevé par une femelle jaguar, aurait créé d'autres hommes sortis du tronc des arbres et leur apprit l'art des arcs et des flèches. *Tilli* disparut emmenant la moitié de la nation mais il reviendrait les chercher[13].

Les Indiens des Hauts plateaux ont une très large cage thoracique, les alvéoles pulmonaires sont plus grandes, plus nombreuses pour piéger plus d'oxygène, les observations

---

11. *L'Homme Américain*, p. 155.
12. *Ibid.*, p. 168.
13. **Hirtzel Vincent**, membre de la société des américanistes, doctorant à l'Ecole des Hautes études des Sciences Sociales, passe régulièrement quelques semaines avec les Yuracarès étudiant l'adaptation du mythe. Les Yuracarès attendent toujours le retour de Tilli qui viendra en avion et leur permettra d'acquérir le savoir des « *padrones* ». Sa communication de mars 2001 sera publiée dans le prochain bulletin.

médicales plus fines ne feront que confirmer cette adaptation que d'Orbigny avait soupçonnée. *« par la plus grande dilatation de leurs cellules, les poumons prennent un développement énorme et que la cavité qui les contient est plus vaste que dans l'état normal, ce qui allonge d'autant plus le tronc, en détruisant un peu les rapports harmonieux avec les extrémités* [14] *»*. Nous connaissons tous cette silhouette trapue des Indiens de l'altiplano bolivien. Cette remarque pertinente sur l'adaptation des Indiens à leur milieu de vie aurait-elle été possible s'il n'avait pas réfléchi sur les livres de Lamarck qu'il connaissait et montre qu'il ne faut en aucune manière l'enfermer dans une théorie fixiste stricte.

D'Orbigny a encore fait des observations très exactes auprès des tribus Aymara qui connurent la civilisation inca et même pré inca comme en témoignent les ruines de temples auprès du lac Titicaca à Tihuanaco dont il dessina avec la plus grande précision la porte dite du Soleil avec le dieu *Viracocha* et les vignettes sculptées qui l'entourent.

Fig. 28 : Porte du soleil à Tihuanaco. (D'après d'Orbigny.)

14. *L'Homme américain*, p. 113.

Dès 1830, la communauté scientifique se posait le problème de l'origine de l'homme, on découvrait « des hommes fossiles » dans les terrains anciens, étaient-ils déjà semblables. Par ses observations, d'Orbigny affirme que les crânes déformés ne le doivent qu'à une intervention humaine. Bien que pris par des œuvres multiples, son esprit restera ouvert aux débats de son époque sur ce sujet, sa riche bibliothèque possèdera le premier tome des *Antiquités celtiques et diluviennes* de Boucher de Perthes qui paru en 1848.

Le voyageur a aussi relevé une vingtaine de chants auprès des Moxos et des Chiquitos, notation musicale et paroles traduites en espagnol. Si l'influence de l'ancien colonisateur dans la mélodie y est indiscutable, la nostalgie des paroles et les comparaisons sont typiquement indiennes.(voir en annexe un de ces chants en guarani avec sa traduction)

Terminons par un dernier extrait de ces tomes si riches : « *A la mort, depuis le Quichua civilisé jusqu'au plus sauvage des Américains, la croyance d'une autre vie conduit à parer le cadavre de ses meilleurs habits, et à placer à son côté ses armes et des vivres pour faire le Voyage* [15] ».

L'Homme américain[16] est aussi la première partie du tome IV du *Voyage*.

IX - 3 - Deux Frères au cœur de la Société Géologique de France

Ayant déclaré, dans ses statuts, n'admettre aucun privilège de rang, d'état, de pays, la *Société Géologique de France*, fondée en 1830, se vit fréquentée par de nombreux savants du monde entier, de toutes les universités étrangères avec une correspondance particulière avec la Société savante de Saint-Pétersbourg. Alcide est présenté - il faut deux parrains - à la *Société Géologique* dès son retour, le 17 février 1834, par Constant Prévost professeur de géologie à la Sorbonne et Hardouin Michelin, conseiller référendaire à la Cour des Comptes, c'est dire l'ouverture et

---

15. *L'Homme américain*, p. 238.
16. La traduction en espagnol par Alfredo Cepeda a été publiée à Buenos-Ayres, en 1944 *El hombre americano considerado en sus aspectos fisilogicos y morales.*

l'éclectisme de cette société *éclairée*. La présence d'Alcide d'Orbigny y sera constante, vice-président en 1842, il assurera la présidence en 1843, faisant de très nombreuses communications jusqu'en mai 1856, les douleurs cardiaques et les fièvres récurrentes auront finalement raison de lui.

La forte personnalité d'Alcide et le *Voyage en Amérique méridionale* ont laissé dans l'ombre son frère Charles-Henri à qui il faut aussi rendre justice. Agent de la Société Géologique dès 1832, il en sera l'archiviste dévoué plusieurs années, menant de front des recherches géologiques pertinentes dans le Bassin Parisien et l'organisation d'un *Dictionnaire Universel d'Histoire Naturelle* qui comprendra 13 volumes in 8° ou 11 en in 4°. Les lithographies noires des illustrations demandées aux meilleurs, Delarue, de Sanson, Traviès, sont, dans certaines éditions, là aussi, aquarellées à la main, une merveille. Depuis *l'Encyclopédie de Diderot et d'Alembert* qui n'avait pas été accessible à tous, ce fut un engouement pour les dictionnaires d'Histoire Naturelle dans une volonté d'embrasser tout : 24 volumes pour le dictionnaire de Delerville, en 1803, 17 par Bory de Saint-Vincent commencé en 1822, celui qu'amorce Charles-Henri, faisant appel aux meilleurs spécialistes du moment, restera un des plus aboutis. Charles-Henri, assistant de Cordier au Muséum est membre de la Société, en février 1835, Ami Boué et Constant Prévost sont ses parrains.

La lecture des *Compte Rendus* des réunions qui se tiennent désormais 26, rue du Vieux Colombier, sont riches d'enseignement sur la Société qui s'inscrit dans la modernité. *Le 21 mars 1836, Charles-Henri d'Orbigny donne à la société une suite de roches du terrain de calcaire siliceux, provenant de la tranchée ouverte dans la plaine de Monceau, à l'effet d'y établir le chemin de fer qui doit aller de Paris à St Germain. il en a profité pour relever la coupe exacte des terrains successifs sur une puissance de 12m 28 cm... »*[17] Utilisant le crédit bancaire et l'épargne populaire, les frères Péreire participent au financement de cette première ligne de chemin de fer française. Comme son frère Alcide, Charles-Henri ne se confine pas à la seule géologie, tous deux sont passionnés par l'éventail de toutes les sciences naturelles, ils ne font que suivre le chemin tracé par leur père.

---

17. *Bulletin de la Société Géologique de France*, tome VI, 1836.

Le Courrier français du 13 avril 1835, conservé par Charles-Marie, annonce la publication d'un ***Tableau synoptique du Règne Végétal***, par Charles-Henri, d'après la méthode de M. A.-L. Jussieu, modifiée par M. Richard ; comprenant *« toutes les familles naturelles, avec leur synonymie....toutes les espèces employées en médecine, désignées sous leurs noms latins, pharmaceutiques et vulgaires avec l'indication précise des parties de chaque plante qui sont employées, de leur action physiologique, de leur emploi thérapeutique, de leur dose, de leur mode d'administration....Le tableau rendrait les plus grands services à la médecine domestique, placé dans les châteaux, dans les maisons isolées à la campagne et dans les communes rurales en y prenant ou corrigeant plus d'un mécompte ou d'une erreur funeste à la santé publique ou privée. Ce tableau peut aussi aider beaucoup la mémoire des étudiants en médecine et en pharmacie »*.

La précision, l'utilité et l'ouverture au plus grand nombre ont présidé à la rédaction de ce tableau par le jeune médecin ouvert à toutes les branches de la connaissance scientifique. Ce tableau est offert à la Société le 7 juillet 1834, séance où on lit une notice envoyée par Fleuriau de Bellevue sur *Les variations singulières dans la hauteur de la colonne d'eau du puits artésien des bains de mer de la Rochelle.*

La liste des membres, 400 dès 1832, montre un rayonnement dans toute l'Europe. Les géologues comme le britannique Murchison ou le baron de Meyendorf, conseiller des finances du tsar Nicolas 1er, voyagent, rapportent, des cartes, des échantillons de roches...

Le 6 novembre 1837, Charles-Henri faisant état de courses géologiques dans les environs de Fontainebleau pose un problème qui agite encore les géologues d'aujourd'hui, c'est à dire la coupure Crétacé/Tertiaire. Le calcaire pisolithique (c'est-à-dire formé de grains gros comme des pois) que l'on voit aussi à Meudon appartient-il à l'une ou l'autre des époques ? L'enjeu est important, il s'agit de savoir quand ont disparu les grands reptiles et les jolies coquilles enroulées qu'étaient les ammonites pour laisser la place à d'autres sortes de coquillages et à l'épanouissement des mammifères, même si les lézards, les tortues et les serpents témoignent d'une présence, certes plus discrète de la classe des

Reptiliens. Charles-Henri trouve des gastropodes tertiaires dans ce calcaire. La polémique agite tous les géologues.

En 1850, Alcide rattachera cette couche au Crétacé supérieur[18].

Dès 1823, alors qu'il était encore Rochelais, Alcide envoyait des mémoires à l'Académie des Sciences au fur et à mesure de ses découvertes sur tel mollusque vivant ou fossile. Après une communication sur une espèce vivante de crinoïde qui agite ses bras dans l'océan, c'est un mémoire sur la *Distribution géographique de 395 espèces de Passereaux américains* qui est lu, le 20 octobre 1837 à l'Académie et traduit en allemand et en anglais, accompagné d'une carte zoologico-géographique. La précision des descriptions et la localisation géographique sont des repères essentiels qui n'étaient pas encore en usage mais M. d'Orbigny en devine l'importance. Isidore Geoffroy Saint-Hilaire et Duméril font un rapport très favorable.

De livraison en livraison, le premier tome du *Voyage en Amérique méridionale* est paru et suscite beaucoup d'intérêt. Dans une lettre au naturaliste Leonard Jenyns du 3 décembre 1837, Darwin écrit : « *Si vous n'avez pas le Voyage de M. d'Orbigny à la Bibliothèque Publique, vous devez d'urgence l'obtenir auprès de M. Lodge, c'est un ouvrage très important*[19].

Sollicité à cause de son talent et d'une certaine notoriété dans le milieu savant, Alcide d'Orbigny va accepter de rédiger, par livraisons une ***Galerie Ornithologique des oiseaux d'Europe,*** chez l'éditeur Famy. Les planches sont dessinées, le plus souvent d'après nature par Thiolat et lithographiées par Delarue, elles sont superbes, aquarellées à la main. La vente se fait aussi à Londres et à New York.

Comment ne pas penser à Jean-Jacques Audubon, dessinant et décrivant sans relâche les oiseaux d'Amérique du nord ?

---

18. Voir la communication de Pomerol et Bignot : *Deux et bientôt trois siècles de controverses sur la limite crétacé/tertiaire* au Comité Français d'Histoire de la Géologie le 22 mars 2000. Tome XIV. 3ème série. p.29-47. De décembre 2001 à février 2002, une équipe internationale a extrait un grand nombre de carottes de sédiments du cratère caché sous-marin de Chicxulub, au Mexique, pour évaluer l'impact de l'astéroïde géant tombé il y a 65 millions d'années

19. *Correspondance of Charles Darwin,* by Cambridge University Press, 1983 tome I. p. 61.

Lyrisme et érudition imprègnent les textes, ainsi celui sur les **martins-pêcheurs** : « *...pourrions-nous passer sous silence que l'Antiquité, donnait à nos martins pêcheurs le nom bien plus poétique d'**Alcyons**, les consacrait à Thétis et leur supposait la faculté de faire, sept jours de chaque hiver, leurs nids sous la surface des eaux, sans avoir à craindre les tempêtes ? Solitaires, tristes, sauvages et méfiants, comme jadis, sauf pendant la pariade, comme jadis, on les voit épier la moindre proie, souvent deux heures entières, perchés immobiles sur un tertre ou sur une branche avancée de l'eau; comme jadis, enfin, ils sont sans doute, les plus beaux oiseaux de notre continent; mais ils ne repoussent plus la foudre et ne clament plus les tempêtes* ».

Le rédacteur a bien conscience de l'envolée de ses descriptions, il les assume, ainsi lorsqu'il décrit le rouge-gorge, il rappelle une légende anglaise racontant la sollicitude d'un de ces oiseaux recouvrant d'un manteau de feuilles le corps de deux enfants morts de froid, il conclut : ***« les inspirations du cœur ne sont pas toujours dédaignées de la science ».*** Lorsqu'il décrit les goélands à manteau noir, c'est toute son expérience de la longue navigation sur les océans qui s'ajoute à la sensibilité de ses jeunes années au bord de l'Atlantique : « *Entendez-vous ? Les vents sifflent, le tonnerre gronde, d'épais nuages pèsent sur la mer, qui mugit et bat ses rivages ébranlés, le canon de la détresse d'un vaisseau en perdition se fait entendre à intervalles égaux, en glaçant de terreur toutes les âmes, et, parmi ces bruits sinistres, trop souvent le signal du naufrage et de la mort, dominent encore d'autres bruits non moins tristes, le cri aigu du Goéland, et le battement de ses longues ailes, dont la blancheur contraste avec la teinte embrunie des flots, qu'elles vont rasant rapidement, comme pour célébrer, par avance, les funérailles des matelots.* » Si le dix-neuvième siècle est tourné vers la Science, il l'est dans un climat romantique. Balzac a dédié *le Père Goriot* à Etienne Geoffroy Saint-Hilaire, celui qui a convoyé la première girafe du zoo depuis Marseille. Alfred de Vigny a fait paraître, en 1834 *Servitudes et grandeur militaires* et Marie Dorval jouait son drame, *Chatterton* l'année suivante.

A la séance du **21 mai 1838**, Alcide donne à la Société Géologique, la carte d'une partie de l'Argentine qu'il a dressée avec la participation de son ami Narcisse Parchappe. Cette même année, il pose sa candidature à l'Académie, la place de Cuvier, mort en 1832, est vacante. Etait-il trop présomptueux ? Ce n'est hélas que le premier d'une série douloureuse et injuste d'échecs. C'est Henri Milne-Edwards[20], un ami, qui a été nommé.

Alcide avait-il emmené Pamela applaudir *Ruy Blas* ? Pièce audacieuse d'un jeune auteur, né comme lui, en 1802, Victor Hugo. Le rôle principal est joué par Frédéric Lemaître, artiste dramatique haut en couleurs, ami de Balzac et Théophile Gautier, qu'il invitait dans sa maison de campagne, à Pierrefitte-sur-Seine.

A la fin de l'année, naît la petite Noémie.

Charles Darwin, membre de la Société Géologique de Londres était membre de la Société française depuis avril 1837, présenté par Murchison et Lyell. En 1839, il offre les trois volumes de sa relation de *Voyage sur le Beagle*. Il avait commencé ce périple en 1831 longeant surtout les côtes à la différence d'Alcide qui explorait aussi l'intérieur du continent. Darwin avait de suite exprimé une irritation craignant que le voyageur français ne le devance dans les découvertes à faire sur ce continent austral. *« il va prendre toute la crème.. »* écrivait-il dès 1831. De retour en 1836, il avait rapidement rédigé sa relation de voyage dans une édition *bon marché*[21]. A quatre ans d'écart, ils avaient exploré El Carmen de Patagones avec fruit, d'Orbigny y avait fait une collecte considérable d'oiseaux, insectes, plantes, mammifères marins. Il avait capturé un condor, probablement celui qui est au muséum de La Rochelle.

Darwin trouvera le lieu plus pacifié et aura la chance de trouver plusieurs fossiles de mammifères disparus, *Mégathériums*, tatous géants. Dans une lettre écrite à Lima, le 12 août 1835 à son parrain, le pasteur Henslow, professeur de minéralogie, Darwin écrivait qu'il allait sous peu quitter Callao pour les îles Galapagos

20. **Milne-Edwards Henri** (Bruges 1800-Paris 1885). Travailleur prodigieux, c'est entre 1855 et 1881 qu'il élaborera un important ouvrage : *Leçons d'Anatomie et de Physiologie*. En 1830, il avait choisi la citoyenneté française, lui en saurait-on gré de cette manière ?

21. *Quand Alcide et Charles voyageaient en Patagonie* article de M. Taquet dans le numéro de la collection *Autrement* sur *la Patagonie* N° 94 de mai 1996.

se réjouissant de cette étape, il ne soupçonnait pas combien les joyeux pinsons de ces îles allaient le stimuler par leur diversité[22]. Toujours de Lima, le 15 août, dans une lettre adressée à Henry Stephen Fox, diplomate britannique en poste à Rio, il évoque une excursion dans la Cordillère qui présentait des montagnes énormes craquelées, fissurées, présentant de nombreuses failles, des couches perturbées dans leur parallélisme, témoignant d'une forte violence souterraine qu'il n'aurait pas pu imaginer[23]. Il n'y a pas dans ces phrases, de rejet de catastrophisme sensu stricto, il faut se méfier des théories étroites, des jugements abrupts.

C'est, en 1859, deux ans après la mort d'Alcide d'Orbigny que Darwin publiera *L'évolution des espèces* ,une vision neuve des formes de la vie qui ne seront acceptées par le monde scientifique que lentement et qui sont aujourd'hui modulées, en particulier et avec beaucoup de pertinence par **Henri Tintant** de l'Université de Dijon[24].

Dans les locaux de la société s'accumulent les documents : cartes, ouvrages nombreux comme celui de Lyell, traduit de l'anglais, sous les auspices d'Arago, *les éléments de géologie* ou celui de Sowerby sur les coquillages. On peut encore admirer les corindons bleus et les belles émeraudes des steppes khirgises offertes par M. Teploff, officier de marine du tsar, la mappemonde donnée par M. le Guillou, médecin, sur laquelle il a tracé la circumnavigation qu'il a accompli sur *La Zélée* pendant plus de trois ans.

La Société reçoit aussi, par livraisons le récit de voyage de Victor Jacquemont. Ce botaniste élève de Desfontaines, a parcouru

---

22. *Correspondance of Charles Darwin*, p. 461, by Cambridge University Press, 1983.

23. *Ibid.*, p. 463.

24. Les Colloques de 2002 pour le bicentenaire d'Alcide d'Orbigny affineront les théories. Comme son maître Cuvier, Alcide voyait la succession des formes de la vie, séparées par des évènements catastrophiques, cela faisait sourire les partisans trop inconditionnels des théories de Darwin, les actualités quotidiennes, tempêtes des 28 et 29 décembre 1999, séismes et cyclones ailleurs montrent qu'il faut nuancer.

avec passion l'Inde, de l'Himalaya au Deccan. Il rencontra la mort à Bombay, à 31 ans[25].

A la séance du 20 décembre 1841, Elie de Beaumont et Dufresnoy, tous deux ingénieurs des Mines donnent une Carte Géologique de la France réactualisée. Un assistant va se révéler nécessaire pour aider Charles-Henri dans sa tâche d'archiviste.

Chaque année, la première décade de septembre est consacrée à des *« réunions extraordinaires »* dans l'une ou l'autre région de France, les personnalités du lieu participent aux excursions pédestres avec recherche et détermination des terrains et fossiles. Le dernier jour est consacré aux réceptions et banquet. La session de Strasbourg, en 1834, a été particulièrement festive avec feux d'artifice et feux de Bengale autour de la cathédrale. Les participants comptaient de nombreux étrangers : Allemands, Belges, Russes, Suisses, Italiens, Anglais, Hollandais *« nous avons vécu comme des frères et je compterai toujours ces journées parmi les plus belles de ma vie »* déclara M. Voltz et il leva un toast *« Aux Sciences, leur culture rapproche les nations, contribue puissamment à la destruction des haines nationales, reste honteux des siècles de barbarie. Aux Sciences, que la jeunesse de toutes les nations les cultive de jour en jour avec plus d'ardeur »*[26]. Nous sommes en 1834, la construction de l'Europe est à l'horizon. Les deux frères d'Orbigny ne participent généralement pas à ces « réunions », on est en droit de penser, à l'aide des souvenirs familiaux, que ce sont les temps de douces retrouvailles à La Rochelle. Le frère aîné d'Alcide, Edouard a épousé Angelina Labattut, un petit garçon est né, en juin 1835, il se prénomme Alcide[27].

---

25. Son frère aîné, Porphyre, recueilli herbiers et manuscrits, la parution de 1835 à 1841 est une œuvre autant scientifique que littéraire en même temps qu'elle donne une peinture de l'Inde sous la férule anglaise.

26. *Bulletin de la Société Géologique de France*, tome IV. 1841.

27. Alcide d'Orbigny est à l'origine de la Compagnie de Navigation d'Orbigny, fondée en 1850, très active jusqu'en 1952. Ses frères, Louis et Marcel se tuèrent, encore très jeunes, en cherchant des fossiles dans les falaises de la pointe du Ché. Il épousa Marie Bernon. N'ayant pas eu d'enfants, il adopta les cinq filles de son frère Gaston, veuf assez tôt. Maire de la ville de la Rochelle, il fut un mécène pour la ville et légua, entre autres sa maison de la rue Sainte-Côme. L'architecte en avait été Henri-Joseph, fils unique d'Alcide, le naturaliste. La maison est le ***musée d'Orbigny-Bernon*** riche en collections d'Extrême-Orient.

IX - 4 - Une passion constante : les Foraminifères

Pour qui regarde aujourd'hui quelques poussières de craie avec un microscope électronique à balayage, ce ne sont que tests élégants et variés de foraminifères et encore d'autres éléments plus ténus, des nannofossiles, ou encore des *Coccolithophoridés*, petits disques striés qui protègent une algue plus que minuscule, c'est un enchantement. Alcide d'Orbigny n'avait pas à sa disposition un tel grossissement[28]. Une acuité visuelle exceptionnelle alliée à l'intelligence et à la perspicacité avait permis au jeune d'Orbigny de discerner les formes, de les dessiner, de les sculpter, en un chef d'œuvre qui est le point de départ de toute une carrière.

Menant de front la rédaction du *Voyage en Amérique méridionale* et d'autres publications, d'Orbigny présente, le 2 décembre 1839 à la Société géologique un mémoire sur ***les Foraminifères de la Craie Blanche du Bassin de Paris***. Il rappelle que sa connaissance approfondie est due à la générosité des voyageurs et des officiers de marine lui donnant des sables de toutes les latitudes. Récemment, M. Lefèvre, de retour d'Egypte lui a rapporté, grâce à un sondage, à trente pieds de profondeur, de la vase du port d'Alexandrie, presque entièrement composée de foraminifères ! Il faut aussi rendre justice à Félix Dujardin[29].

D'Orbigny a déterminé 54 espèces de foraminifères dans cette craie du bassin parisien dont quatre seulement étaient déjà connues. Ses études comparatives lui permettent de déduire que ces fossiles se sont déposés au sein d'une mer chaude et exempte de courants violents - les tests ne présentent aucun signe de frottement - de plus ce bassin marin s'étendait aussi au nord de la France et encore plus à l'ouest, 23 de ces fossiles étant également présents dans la craie blanche d'Angleterre. Le Kent et le Bassin Parisien ont la même histoire géologique comme peut le constater le voyageur qui connaît Etretat et découvre les falaises de Douvres.

28. Voir le fascicule du C.N.R.S. *La nature grossie dix mille fois*, 1973.

29. **Dujardin Félix** (Tours 1801-Rennes 1860) D'une famille d'horlogers, il s'était intéressé aussi aux microfossiles. En ayant observé des vivants en Méditerranée, en 1834, il soupçonna leur nature cellulaire, leurs modes de reproduction et d'alimentation très différents des Céphalopodes. Il enseigna la géologie à Toulouse et à Rennes, ce n'est que peu avant sa mort qu'il eut la satisfaction d'être correspondant du Muséum.

C'est donc naturellement à Alcide d'Orbigny que l'on fait appel pour examiner les foraminifères trouvés dans les terrains sédimentaires et autres sables de Cuba et des Antilles, lors d'un voyage de Ramon de la Sagra, Le volume de 224 pages avec 12 planches in folio, est aussi traduit en espagnol. Cent dix huit espèces nouvelles sont décrites et dessinées, il en sera de même pour les foraminifères des îles Canaries que lui ont confiées les voyageurs géographes Webb et Berthelot. Le naturaliste Moquin-Tandon avait rencontré ces deux hommes, alors en désaccord, M. Webb voulait écrire les textes en latin, M. Berthelot, en français, ce fut lui qui l'emporta.

Dans leur *Histoire des Canaries*, ils confièrent aussi à d'Orbigny, l'étude des mollusques et des crinoïdes. Pour ce qui est des mollusques, il y adjoignit l'étude de ceux qu'il avait recueillis lors de son passage à Ténériffe, en 1826. Ses fines observations lui permettent d'accorder une affinité de la faune des Canaries avec l'Afrique du nord plutôt qu'à l'Afrique équatoriale[30].

L'année 1839 est vraiment très fertile révélant une très grande puissance de travail. Emile Lassale a réalisé son portrait, ce n'est plus le romantique, frère de Chateaubriand mais un homme mûr, installé, déterminé, redingote soignée, légion d'honneur au revers, gilet et cravate montant haut sur le cou, tenant à la main la page de titre du *Voyage en Amérique*.

30. On sait aujourd'hui que les Canaries étaient liées à la plate-forme continentale de l'Afrique du Nord.

Fig. 29 : Portrait d'Alcide d'Orbigny en 1839.
(Gravure d'Emile Lassale.)

Intégré plus tard dans le tome V du *Voyage*, les ***Foraminifères de l'Amérique méridionale*** forment un ouvrage à part, un in 4° de 86 pages avec 9 planches, les fossiles de la côte atlantique diffèrent de ceux du Pacifique qu'on appelle alors le Grand océan, la configuration de la pointe de l'Amérique australe lui avait fait soupçonner ce fait. Si la vie océane se multiplie et se diversifie aisément dans un climat chaud, les foraminifères rencontrés par 160 mètres de fond au Cap Horn prouvent une existence possible dans des conditions extrêmes. (donc adaptée à ces conditions ?)[31]

Dès 1840, d'Orbigny privilégie l'étude des animaux mollusques et rayonnés fossiles de France, c'est-à-dire les ammonites, les bélemnites qui sont des rostres de mollusques voisins des seiches, les oursins irréguliers, tous fossiles cachés dans les couches de terrains anciens. Etude qui va prendre une grande ampleur. En 1840, il publie une *Histoire naturelle des Crinoïdes fossiles et vivants*, avec 18 planches de dessins. Je ne retiens que l'attribution à M. Rang, ce capitaine qu'il mentionnait déjà dans une lettre en 1823, d'un crinoïde vivant que le cher « savant et ami, M. Rang » lui a rapporté de Martinique : *l'Holopus Rangii*, témoignage de leur fidèle amitié dans une passion scientifique partagée.

Pamela est souvent malade, soignée avec dévouement par Julie, l'épouse de l'avocat et ami, Joseph Gaudry. Charles-Henri offre à la Société géologique la première livraison de son Dictionnaire d'Histoire Naturelle. Quelques lignes de son introduction donne une idée de l'enthousiasme et de la foi que les hommes cultivés de cette époque avaient dans le progrès scientifique, solution de tous les problèmes :

« ...quand les hommes jouissant de plus en plus des bienfaits de l'instruction, marcheront d'un pas égal dans les voies de la science, alors seulement on connaîtra les bornes infranchissables pour l'esprit humain. La science encore si imparfaite ne parviendra jamais, sans doute, à déterminer les limites et les rapports infinis de la création ; mais les immenses progrès qu'elle a déjà faits en permettent encore de bien plus

31. C'est à l'aide d'un filin enduit de suif qu'il put les recueillir.

grands pour l'avenir: son influence croissant avec les âges, continuera d'améliorer le sort de l'humanité, et de substituer aux préjugés et aux hypothèses les faits incontestables que le temps découvre, que l'expérience classe et féconde pour les appliquer au bien de la société ». La misère était grande dans les classes populaires, Eugène Sue publiait *Les mystères de Paris,* Louis Blanc *l'Organisation du travail* et Proudhon écrivait *Réflexions sur la propriété.*

Le dossier Ms 654 de la médiathèque de la Rochelle contient plusieurs lettres ou fragments d'Elie de Beaumont, de Brochant de Villiers, adressées à Charles-Henri, annonçant l'envoi d'un article pour le dictionnaire. Charles-Henri demeure maintenant rue de Seine. Auguste Brullé lui recommande un spécialiste de Dijon pour l'article *Aurore Boréale.*

Le dossier MS 654 recèle aussi une lettre de **Deshayes**[32], de 1840,

« Mon cher directeur de notre bon dictionnaire je travaille pour vous, et, à la fin de la semaine prochaine je pourrai si vous en avez besoin vous fournir une botte d'articles, si je le peux j'irai jusqu'à la fin de la lettre A ; ou du moins je serai très avancé en voulant puiser dans l'escarcelle j'y vois que je n'y vois rien ou pas grand chose, voyez si vous pouvez y mettre une centaine de francs en avancement d'honneur j'en serai bientôt libéré envers vous en vous donnant une masse assez respectable d'articles. Un mot de réponse s'il vous plaît et vous salue avec amitié et considération. Deshayes ».

---

32. **Gérard Paul Deshayes** (Nancy 1797-Boran 1875), après des études de médecine, privilégie les sciences naturelles. Il organise des excursions géologiques dans le bassin parisien où participent d'Archiac, Verneuil, Constant Prévost..., sa maison est un foyer d'échanges scientifiques et de discussions d'actualités. Il alla en Algérie de 1840 à 1842, recherchant des mollusques fossiles. Membre de la Société géologique, il sera souvent en conflit avec Alcide d'Orbigny sur l'interprétation des dits fossiles, bien qu'étant surtout versé dans l'étude des couches tertiaires. En 1869, il dut vendre sa riche collection de fossiles au gouvernement (100 000 F) qui est à l'Ecole des mines. Des malaises cardiaques le contraignirent à se retirer à Boran-sur-Oise où il mourut, c'est là qu'il avait recueilli ses premiers fossiles.

Sans date, dans le même dossier[33], une lettre de **Virlet d'Aoust**, ingénieur des mines :

« ...je joins une liste de mots qui ne sont pas dans le dictionnaire et dont je désirerai être chargé s'ils ne sont pas distribués. Quant au mot JASPE considéré sous le rapport géologique, on ne l'a pas encore fait et je suis plus en état que quiconque de le traiter en raison des faits intéressants que j'ai eu l'occasion d'observer.

Tout à vous, Virlet d'Aoust[34] ».

Pour le dictionnaire, Alcide rédige, bien sûr, l'article *foraminifères*, mais aussi mollusques, céphalopodes.

Sa Majesté Louis-Philippe a fait revenir les cendres de Napoléon ignorant qu'il participe à la formation d'une légende dont il ne tirera pas les fruits. La frégate *La Belle Poule* a remonté la Seine jusqu'à Paris.

33. Médiathèque de La Rochelle, Ms 654.F° 247.

34. Idem. F° 308.

X - Ampleur d'une vision planétaire

X - 1 - La Paléontologie française (1840-1850)

A son départ en Amérique du sud, en juillet 1826, les connaissances du jeune voyageur dues à sa formation par son père, le docteur Charles-Marie d'Orbigny et à celle reçue au Muséum auprès de maîtres, étaient suffisantes pour une première compréhension des faits géologiques observés en Amérique. Il y avait reconnu, avec étonnement, des couches de terrains, avec leur cortège de fossiles caractéristiques, semblables à ceux de la France. Il sentit la nécessité d'approfondir son étude de la géologie et surtout de la paléontologie de l'Europe pour mieux saisir cette constatation neuve. et mieux comprendre l'Amérique. Seule solution, il faut aller sur le terrain et, comme pour les sables, faire appel à tous les amateurs passionnés.

Dès 1840, il prévoit la publication, par livraisons de la *Paléontologie française.* Il s'agit d'abord des fossiles des mollusques et des rayonnés des terrains crétacés. L'ouvrage complet atteindra, en 1850, plus de 2 000 pages. Pour l'encourager, la Société Géologique de Londres lui décerna, à deux reprises, les fonds du prix Wollaston. Des études partielles de valeur existent mais les confusions ne manquent pas, le même fossile porte des noms différents selon les chercheurs, il faut faire jouer la loi de l'antériorité de la dénomination. Il faut mettre de l'ordre. On peut imaginer tout un ballet de diligences qui apportent puis réexpédient les fossiles à déterminer, à nommer - les nouveaux prennent un nom d'espèce qui rend un hommage apprécié au découvreur.

Dans une lettre conservée à la médiathèque de la Rochelle, Alcide d'Orbigny répond à **Monseigneur Querry**, vicaire général du diocèse de Périgueux, membre de la Société depuis mars 1839 :

Paris, ce 5 août 1840[1],

« Monsieur,

En vous remerciant de votre dernier envoi, j'étais trop pressé pour vous donner les noms d'espèces que je devais à votre obligeance et pour lesquelles je vous suis très reconnaissant. Mais après avoir terminé les quatre premières livraisons de ma ***Paléontologie***

1. Médiathèque de La Rochelle, Ms 654, F° 118.

française *et la première de ses Crinoïdes, je ne veux pas partir pour la Provence et les Alpes avant de vous envoyer cette liste : »*

suit la détermination de 14 fossiles

« ...j'aurai recours à vous, Monsieur, pour les séries zoologiques dont je m'occuperai successivement....

Vous verrez, par le prospectus définitif que je me suis empressé de vous citer, j'ai fait la même chose dans mon introduction qui appartient à la première livraison, et à chaque espèce. Je compte encore pouvoir faire connaître le résultat de vos intéressantes recherches.

Veuillez recevoir avec l'expression de ma reconnaissance, l'assurance du plus profond respect avec lequel j'ai l'honneur d'être Monsieur, Votre très humble serviteur ».

L'énorme travail entrepris par d'Orbigny est connu dans le monde divers des scientifiques comme auprès des amateurs, ainsi comme le montre la lettre de l'enseigne de vaisseau **Blondeau.**

Toulon, le 30 août 1840.

« Monsieur,

Les importantes publications que vous avez entreprises sur les mollusques m'ont fait penser que vous recevriez peut-être avec plaisir quelques fossiles du Levant. Les échantillons que je vous envoie n'ont sans doute pas été recueillis avec tout le soin désirable, mais, dans un autre voyage je profiterai de l'expérience que j'ai acquises pour vous rapporter, si vous le désirez, des échantillons mieux conservés et des observations plus précises. Je désire vivement de contribuer à l'avancement d'une science aussi intéressante que la géologie. Si cette science était plus répandue chez les marins, elle y trouverait souvent d'utiles auxiliaires et je regrette fort de n'être pas encore assez instruit pour lui attirer des travailleurs.

Si vos occupations vous le permettent, vous me ferez grand plaisir de m'envoyer la liste des fossiles que vous avez trouvés dans ces échantillons.

Je vous prie de m'excuser d'avoir pris la liberté de vous écrire sans vous connaître personnellement, je n'ai été guidé que par le désir de servir une science à laquelle j'ai été initié par un de ses fanatiques partisans, Monsieur Jules Marcou[2]*, qui vient de partir pour une expédition scientifique dans l'Amérique du Nord.*

Recevez, Monsieur, l'assurance de la haute considération de votre dévoué serviteur Blondeau enseigne de vaisseau. 3 bis, rue du port à Toulon[3] ».

D'Orbigny a écrit sur la lettre : « *Répondu le 13 octobre* ». Le délai est très raisonnable.

A la séance de la Société Géologique du 24 janvier 1842, Alcide donne les livraisons 55 et 56 du *Voyage*, c'est-à-dire une vingtaine de pages de l'itinéraire du tome II, des planches d'insectes, de foraminifères et de géologie[4]. Ce même jour, Charles-Henri a donné la 18ème de son Dictionnaire d'Histoire Naturelle, Alcide, la 36ème livraison de la *Paléontologie française* et a lu quelques considérations sur les Rudistes (bivalves rugueux en forme de cornet) :

« *Lorsque, dès ma plus tendre jeunesse, accompagnant un père ami des sciences, je recueillis avec lui, les nombreux fossiles du département de la Charente-inférieure, les premiers genres qui me frappèrent furent ceux dont se compose l'ordre des Rudistes, l'île d'Aix et les autres points de l'embouchure de la Charente me montrèrent...au retour de mon voyage d'Amérique, je repris l'étude des fossiles du sol français. Mes premiers pas se portèrent de nouveau vers les terrains crétacés de la Charente-inférieure, où j'ai multiplié mes courses depuis Angoulême jusqu'à la mer, afin de comparer ....je parcourus plusieurs points du département de l'Aude...* » il fait encore état de diverses collections qui lui donnent une autorité pour parler de ces fossiles et encore, «*en profitant de l'extrême bonté de M. Cordier, j'ai vu dans les collections du Muséum, les rudistes du Sinaï, ceux d'Egypte et ceux de Santorin et de Bosnie rapportés par Ami Boué* ».

---

2. **Marcou Jules**, géologue français (Salins 1824-Cambridge), dans le Massachussets 1893, membre de la Société Géologique, il enseigna la stratigraphie à Zurich avant de partir aux Etats-Unis et au Canada où il reconnut les couches du jurassique.
3. Biblio. cent. MNHN, Ms 2533, feuillet 122.
4. Le professeur Schwerin de l'Université d'Albuquerque a fait toute une minutieuse et assez difficile recension des 89 livraisons du *Voyage* qui s'étendirent jusqu'en 1847 dans un ordre qui ne fut pas toujours rigoureux, excusable néanmoins par l'ampleur de la tâche accomplie par le savant.

Par ces derniers exemples, on voit que son regard de chercheur ne se limite pas à l'Europe, c'est toute l'histoire de la Terre qu'il voudrait englober, comprendre.

L'année 1842 fut fertile en évènements parisiens mémorables. Le 8 mai, le train Paris- Versailles dérailla au viaduc de Meudon. Parmi la centaine de victimes, on compta l'explorateur **Dumont-d'Urville** et sa famille ; ce navigateur, né en 1790 en Normandie, avait parcouru les océans et s'aventurant jusqu'en en Antarctique, avait nommé un territoire *Adélie* en hommage à son épouse, Adèle. Il eut des funérailles solennelles. Le 13 juin, autre tragédie, le décès accidentel du fils aîné de Louis-Philippe, en essayant de maîtriser un des chevaux emballés de son cabriolet près de la porte Maillot. **Le duc d'Orléans** était connu pour être un esprit libéral acquis à une représentation parlementaire, sa disparition fut regrettée par tous.

Au foyer d'Alcide, rue Louis le Grand, Pamela s'éteint le 2 août, Noémie n'a pas cinq ans.

Membre du conseil, comme Charles-Henri depuis quelques années, vice-président de la Société en 1842, Alcide est élu président le 2 janvier 1843. Le laboratoire de paléontologie de Paris possède de lui, un daguerréotype de 1843. L'invention de Daguerre, mal comprise par les industriels, fut soutenu par Arago en 1839, son usage est encore neuf. Le costume et la coiffure ne sont pas aussi soignés que sur le séduisant portrait d'Emile Lassalle mais le regard porte loin et trahit la profondeur de la pensée. Une double chaîne indique une montre de gousset.

Veuf depuis plus d'un an, il va se remarier avec **Marie Gaudry**. Le bâtonnier Joseph Gaudry écrit dans le journal de vie qu'il a rédigé pour ses enfants, : « *Ma fille Marie a épousé le 21 novembre 1843 M. Alcide d'Orbigny, savant très distingué et l'un des hommes de bien les plus solides que je connaisse* [5] ».

---

5. On se souvient que les Gaudry demeuraient 5, rue Louis le Grand comme Alcide et sa famille. La rue proche de l'Opéra, ouverte en 1701 s'était appelée « rue des Piques » sous la Révolution, elle existe encore, la maison du n° 5 a disparu, laissant place à une banque.

Fig. 30 : Daguerréotype de 1843.
Département de Paléontologie du MNHN.
(gracieusement transmis par M. Taquet et Mme Veran.)

Les nouveaux époux s'installent bientôt rue Hyacinthe Saint-Honoré.

« Monsieur et Madame Alcide d'Orbigny
prient M. ***Duvernoy***[6]
de leur faire honneur
de venir passer la soirée chez eux
le lundi 29 décembre
4 rue Hyacinthe st Honoré [7] *».*

Une lettre de Charles-Henri, de cette date demande aussi à M. Duvernoy de participer au *Dictionnaire d'Histoire Naturelle.* En janvier 1844, Marie-Anne d'Orbigny, née Pipat décède à La Rochelle, Estelle, non mariée, restera près de son père jusqu'à ses derniers moments.

D'Archiac est président de la Société géologique en 1844 et Alcide devient vice-président comme le prévoient les statuts. Les séances voient aussi des affrontements entre les participants pour des interprétations différentes de fossiles, Alcide s'opposera plusieurs fois à Raulin qui finalement donnera raison à d'Orbigny. Avec Deshayes, les opinions semblent rester solidement divergentes.

D'Orbigny va lancer pour les fossiles des terrains jurassiques un travail analogue à celui des couches du crétacé.

On peut lire dans le *bulletin de la Société des Sciences de* ***Semur-en-Auxois*** pour l'année 1844 :

« Vers le milieu d'avril, M. Alcide d'Orbigny, qui déjà s'était fait un nom dans la science par des travaux remarquables sur l'Amérique méridionale et par ses recherches paléontologiques, vient à Semur étudier sur place un terrain qui deviendra un des types de la série jurassique. C'est le lias inférieur, si bien développé dans notre arrondissement, et auquel il

---

6. **Duvernoy, Georges Louis** (Montbéliard 1777-Paris 1855), pharmacien dans l'armée des Alpes, il seconda Cuvier, son compatriote, pour la rédaction de ses leçons d'anatomie comparée en 1803. Il occupa la chaire de zoologie, en 1809, à Strasbourg et enfin au Collège de France, en 1837.

7. Biblio. cent. MNHN, Ms 1750.

donnera dans sa Paléontologie française le nom d'étage ***sinémurien.***

La présence de M. d'Orbigny fut une bonne fortune pour la Société et stimula encore son zèle.

M. d'Orbigny était accompagné de M. de Charmasse et Moreau, d'Avallon, par l'abbé Landriot, directeur du petit séminaire d'Autun, aujourd'hui évêque de la Rochelle et par M. Cotteau de Châtel Sençoir, connu depuis par ses travaux géologiques et surtout par ses déterminations des Echinides fossiles. Ces géologues venaient étudier nos terrains sous la direction de l'auteur de la paléontologie française, et un grand nombre des membres de la Société des Sciences Naturelles prirent part aux excursions dans les environs et profitèrent de l'enseignement du Maître ».

« M. d'Orbigny renvoyait, vers le mois d'octobre, à M.Boucault, des échantillons d'ammonites, par lui déterminées, et qu'il avait bien voulu dédier à divers membres de la Société dont elles portent le nom ».

X - 2 - Paléontologie de l'Amérique du sud

L'approfondissement des connaissances qu'apportent tous les matériaux glanés pour la *Paléontologie française* vont permettre de fournir au monde savant une vision tout à fait novatrice des couches terrestres, *une vision planétaire. « Cette pérégrination lointaine m'avait fait prendre la résolution de consacrer entièrement mon existence à la géologie et à l'étude des autres branches des sciences naturelles* [8] *».*

Alcide d'Orbigny va comparer les fossiles recueillis en Amérique du sud et ceux glanés en Europe, par lui et ses correspondants au cours des nombreuses excursions qui le menèrent souvent aussi en Charente. Il se déclarait fier d'être de la ville de Réaumur et de Fleuriau de Bellevue.

Il va lier terrain et fossiles en faisant une unité que ses contemporains comprennent mal, souhaitant étudier soit la nature des roches soit celle des fossiles, chacun voulant rester dans sa

8. *Voyage*, tome III, p. 8. *Géologie.*

spécialité, refusant toute hauteur de vue La géologie stratigraphique ne sera admise que plus tard.

***La géologie et la paléontologie de l'Amérique méridionale*, publiée en 1842, forment la majeure partie du tome III du *Voyage*.** Le savant ne s'attarde pas sur les quadrupèdes fossiles, il en a peu trouvé et est en désaccord avec Darwin sur les conditions de dépôts des mammifères fossiles des Pampas, laissons le débat aux spécialistes. D'Orbigny, lui, est à l'aise dans les coquilles, *les médailles de la terre.* Ce sont les identités de couches et de fossiles de part et d'autre de l'Atlantique, comme un mille-feuilles coupé en deux, que va établir l'ancien voyageur.

Dans les terrains les plus anciens, environ quatre cents millions d'années (pouvons-nous dire aujourd'hui, grâce aux études sur la radioactivité), de nombreux fossiles sont identiques des deux côtés de l'Atlantique. Ces couches fossilifères que l'on tient alors pour les plus anciennes ont été nommées **Silurien** par Murchison, d'après un peuple ancien du territoire anglais, le nom est adopté, depuis 1839, par toute la communauté scientifique. Si on considère des mollusques brachiopodes, aujourd'hui disparus, comme les spirifers, *spirifer boliviensis et spirifer inca sont semblables aux spirifers de l'Angleterre, du Mississipi et de la Russie.* Pour les trilobites, ces sortes de crustacés formés de trois parties, ce sont les mêmes que ceux d'Europe déterminés par Alexandre Brongniart. D'Orbigny avait nommé *bilobites* des traces doubles fossilisées trouvées en Bolivie, l'un des genre avait été baptisé *Cruziana*, en l'honneur du président Santa Cruz. Cordier avait accepté *bilobites*, on a trouvé des traces voisines près de Nantes dans des grès micacés siluriens. D'Orbigny peut donc affirmer que les terrains siluriens de Bolivie sont contemporains de ceux d'Europe, s'étant déposés dans les mêmes conditions de température, dans un même océan ou dans des bassins qui étaient en communication. Voilà qui est tout à fait nouveau, c'est une autre découverte de l'Amérique.

Alcide peut faire la même démonstration pour les couches du **Dévonien**, encore une dénomination due aux Anglais, l'antériorité de leur industrialisation et de l'exploitation des mines leur a ouvert le livre de la Terre. Une *térébratule antisiensis* recueillie près de Cochabamba est identique à une autre des Monts Eifel du Massif schisteux rhénan. Un *spirifer quichua* recueilli près de Chuquisaca est le même qu'un *spirifer bijugatus* près des sources du Mississipi. Ces simples lignes montrent qu'une mise en ordre de la taxinomie allait s'imposer. Il allait falloir donner le même nom aux semblables. La démonstration est analogue pour les terrains du Carbonifère appelés encore de *transition*.

Edouard de Verneuil et Murchison voyagèrent en Lituanie, en Russie septentrionale et dans l'Oural sur les propriétés du comte Anatole Demidoff, membre de la Société Géologique depuis mars 1840[9].

Murchison et Verneuil envoyaient leur journal de voyage à la Société soulignant la superposition des terrains siluriens, dévoniens carbonifères avec les fossiles caractéristiques.

Elie de Beaumont, inspecteur de l'Ecole des Mines, écrit, en 1843 :

« Il me paraît difficile de ne pas regarder comme certain que le système paléozoïque de l'Amérique méridionale correspond en masse à celui de l'Europe et se subdivise de manière analogue. Ce grand fait que les travaux de M. d'Orbigny mettent dans une complète évidence, me paraît un des plus importants dont la Géologie se soit enrichie dans ces dernières années ».

Verneuil[10] est aussi enthousiaste qu'Alcide d'Orbigny pour cet inventaire de la Terre, il écrivait le 8 novembre 1841 :

« Alors, quand les géologues auront tout observé et comparé, il sera permis à quelque génie de premier ordre, de renouer la chaîne des évènements et de nous raconter l'histoire de notre globe avant que nous ne vinssions l'habiter[11] *».*

Une lettre du 8 février 1845, de Charles Darwin à Lyell, lui conte ces identités affirmées par d'Orbigny qu'il vient de lire. Le texte laisse deviner étonnement et même suspicion. Darwin conseille à Lyell de prendre connaissance du volume[12]. Dans les

---

9. En novembre 1840, **le comte Demidoff** épousera, à Florence, la **princesse Mathilde**, fille de Jérôme Bonaparte, l'union sera tumultueuse, le comte, fort riche, donna de superbes échantillons à la Société.

10. **Poulletier de Verneuil**, Edouard (Paris 1805-Paris 1873) Sa fortune familiale lui permet de se consacrer aux études de géologie, particulièrement attiré par les couches du Paléozoïque. Après la Russie, il voyagea, en 1846, en Amérique du nord où il retrouva les mêmes couches. Il fut président de la Société en 1840, 1853 et 1867 et élu à l'Académie en 1854.

11. *Bulletin de la Société de Géologie*, tome IX.

12. *Correspondance*, déjà citée, tome 1, p. 136.

terrains parcourus en Bolivie, d'Orbigny n'a pas trouvé les couches du Jurassique ni du Crétacé, c'est le naturaliste **Boussingault**[13] qui lui a rapporté de Colombie des ammonites semblables à celles de Provence et de Haute-Marne qui caractérisent le début du Crétacé. L'*ammonite Boussingaulti* est la même que l'*ammonite astérianus* de Provence comme l'*ammonite alternatus* de Colombie également est la même que l'*ammonite Royerianus* de Haute-Marne.

Le 10 septembre 1842, d'Orbigny présentera à l'Académie un ouvrage in 8° de 64 pages et 6 planches ***Coquilles et échinodermes fossiles de Colombie, recueillies par M. Boussingault.***

Avant de partir au Chili, en 1838, le polonais **Ignacy Domeyko** avait étudié à l'Université de Vilnius puis à l'Ecole des Mines de Paris, alors dirigé par Dufrénoy. Entre 1840 et 1845, il envoyait à ce dernier des échantillons et des fossiles de ses excursions. D'Orbigny détermina les fossiles, en particulier il nomma un *Nautilus domeykus* et *Térébratula ignaciana.* Ces fossiles avaient des analogues dans des couches pyrénéennes du Jurassique. Alcide pouvait affirmer que les conditions paléogéographiques avaient été les mêmes des deux côtés de l'Atlantique. Il ne pouvait soupçonner que les continents avaient été soudés il y a plus de 100 millions d'années et qu'ils s'étaient peu à peu séparés. Ce n'est qu'en 1920 que le géologue Wegener élabora la théorie de *la dérive des continents*. Des recherches plus poussées, des sondages près du rift médio-atlantique par une équipe américaine à la quelle participait Xavier le Pichon permit d'élaborer *la tectonique des plaques* et de comprendre les pièces de puzzle qui s'emboîtaient assez bien de part et d'autre de l'Atlantique. **Les observations d'Alcide d'Orbigny et ses conclusions audacieuses étaient un jalon, un maillon nécessaire vers ces théories.**

---

13. **Boussingault Jean-Baptiste** (Paris 1802-Paris 1887) Elève de l'Ecole des mines de Saint-Étienne, il est appelé, en 1822, pour créer une école des mines à Bogota. Les combats pour l'indépendance ne sont pas terminés et il se retrouva officier d'état-major de Bolivar, il rentra en France en 1831 après avoir escaladé les 6 000 m du Chimborazo au sud de Quito, en Equateur. (Voir l'article de Jean Boulaine dans le volume déjà cité du C.T.H.S. 1995).
Pour **Ignacy Domeyko** (1802-1889) voir le livre éponyme publié par l'Université de Vilnius et l'UNESCO en 2002.

X - 3 - Paléontologie des terrains secondaires et tertiaires de la Russie d'Europe et de l'Oural (1844)

Lorsque Verneuil, Murchison et l'officier du corps des mines, de Keyserling, revinrent de leur long périple, ils confièrent à M. d'Orbigny tous les fossiles récoltés. L'ampleur d'une tâche ne l'effrayait pas, l'occasion était trop belle de déterminer ces fossiles et de vérifier son hypothèse sur une marche parallèle des apparitions des formes de la vie sur notre globe. Il reconnaît des bélemnites, ammonites et autres mollusques appartenant aux couches jurassiques de France et d'Angleterre, les mêmes qu'à Dives dans le Calvados, à Pizieux dans la Sarthe, à Kalloway, en Angleterre... L'histoire géologique a bien été commune dans un intervalle de temps rigoureux. De même, le paléontologue averti qu'il devient, nomme des fossiles typiques de certaines couches du crétacé.

Poursuivant la comparaison entre les terrains de l'Europe occidentale et ceux de la Russie, il constate l'absence de certains fossiles. L'histoire géologique n'a pas toujours été strictement semblable, les invasions marines n'ont pas toujours eu la même ampleur, ce qui permet de l'affirmer, ce ne sont pas les couches de terrains superposées, ce sont les fossiles, médailles du temps incontournables.

Quant aux espèces tertiaires, elles sont contemporaines de la formation des faluns de Bordeaux et de Touraine.

Alcide d'Orbigny va mener à bien un travail assez semblable avec les fossiles rapportés par **Hommaire de Hell**[14].

L'étude paléontologique de d'Orbigny lui permit d'affirmer, comme pour les études de la Russie, « *L'insuffisance de la seule superposition pour la détermination exacte de l'âge géologique d'un étage, mais l'importance des caractères zoologiques dans*

14. **Hommaire de Hell**, né en 1812 en Alsace avait étudié à l'Ecole des mines, alors à Saint-Étienne. Dès 1835, il était parti pour Constantinople dans la volonté de comprendre la structure du Bosphore. Sa curiosité l'entraîna au bord de la Caspienne, dans le Caucase et en Crimée, accompagnée de la fidèle Jeanne Hériot qui rédigeait les notes de voyage dans les conditions d'inconfort assuré. Il obtint le prix de la Société de Géographie, en 1844, pour la publication de ce voyage. Chevalier de la Légion d'Honneur, il trouva la mort à Ispahan, en 1848.

cette même détermination[15] *»*. **La détermination des fossiles est essentielle pour dire l'âge relatif des couches.**

Le 16 mai 1845, est né Henri-Joseph au foyer d'Alcide et Marie, Noémie a un petit frère de sa nouvelle maman. Louise, la sœur aînée de Marie, épouse du négociant Ernest Labbé, a un fils, cette même année, Louis Paul, il deviendra avocat.

X - 4 - Une mise en ordre : Les étages géologiques

L'étude inlassable des fossiles, en particulier des bélemnites et des ammonites, ces mollusques disparus, voisins des nautiles et des calamars vont amener le géologue à déterminer, de façon relative, des espaces de temps, *« des étages géologiques »* pendant lesquels telles espèces de la vie fourmillaient. Il lui faut le plus grand nombre de fossiles. Malgré l'opposition que d'Orbigny rencontrera au sein même des professeurs pour lier terrains et fossiles dans une même unité géologique, des esprits plus éclairés ou ayant un regard plus distant suivent le corpus qui se met en place.

Ainsi, la Société de Géologie reçoit de M. **Mauduyt**, conservateur du cabinet d'Histoire Naturelle de Poitiers une lettre qui est lue à la séance du 19 janvier 1846,[16]

« Monsieur le Président

Au moment où des projets de chemin de fer pour toute la France sont en voie d'exécution, je crois que la Société ferait une chose utile à la science si elle intervenait près de M. le ministre des travaux publics, afin qu'un géologue pris dans son sein fût chargé par lui de suivre les travaux qui vont mettre à nu des formations inconnues ou à peine soupçonnées, ... » (Pensons aux fouilles archéologiques d'urgence de notre temps, aux constructions forcenées de parkings et autoroutes)

---

15. *Paléontologie du voyage de Hommaire de Hell dans les steppes de la mer Caspienne, le Caucase et la Crimée*. In 8° et 5 planches in folio, 1844.
16. *Bulletin de la Société Géologique F.*, tome X. 1846.

Dans une lettre du 14 février 1845 d'Orbigny annonce à **Darwin** l'expédition des fossiles qu'il lui avait confiés pour détermination. L'Anglais est très attentif au travail du Rochelais et doit aussi, rédiger sa géologie de l'Amérique du sud.

« Monsieur,

...vous remarquerez comme je le pensais bien que votre magnifique collection Fossile, ne montre aucune contradiction avec ce que j'ai vu en Amérique ; les différences qui pourraient exister tenaient toutes à de fausses déterminations de M. Sowerby. Les fossiles sont des éléments d'une valeur immense en Géologie mais ils doivent être pris avec toutes les précautions désirables. Sans cela ils peuvent donner des résultats tout à fait opposés avec les faits...

Votre intéressante collection est sans contredit magnifique et demanderait une publication spéciale ......je dois à votre collection de pouvoir rectifier une erreur que j'ai commise sur l'âge des grès de Conception du Chili que j'ai placé dans les terrains tertiaires et c'est d'après votre Baculite nouvelle une dépendance des terrains Crétacés.... *je serais heureux, Monsieur, si le travail que j'ai fait peut vous être utile j'insiste encore* ***sur l'importance de vos collections pour qu'elles soient publiées.***

Veuillez, je vous prie, disposer de moi en toutes circonstances et me croire votre très humble et très obéissant Serviteur. Alcide d'Orbigny [17] *».*

L'étude de la correspondance des deux savants permet une conception moins manichéiste de leur relation, de même que les notions de catastrophisme et de fixisme dans lesquelles on les a enfermé nécessitent une mise à jour, ce que feront sûrement les divers colloques prévus en 2002 en France et en Amérique du sud. On cite souvent un vampire d'Amérique du sud nommé *Desmodus d'Orbignyanus* par Darwin dans un hommage sincère ou feint mais dans une lettre du 17 août 1846 du géologue **Edward Forbes** proposait à Darwin de nommer un nautile de Conception *Nautilus d'Orbignynianus.*[18]

---

17. *Correspondance*, Darwin, déjà citée, tome I, p. 142.
18. *Ibid.*, p. 329.

Travail de terrain, classement de laboratoire, comparaisons, d'Orbigny va définir 27 étages géologiques, ce qui veut dire 27 créations successives d'espèces animales et végétales après des évènements catastrophiques. L'espèce humaine apparaît, dans sa perfection dans une vingt-huitième création. Cet ordre de chronologie relative, de l'Histoire de la Terre est aujourd'hui reconnu, les divisions ont été affinées mais plus de douze déterminations sont toujours utilisées et sa définition de l'étage géologique est parfaite. On dit maintenant stratotype.

« *Un étage, pour nous, est une époque en tout identique à l'époque actuelle. C'est un état de repos de la nature passée, pendant lequel il existait, comme dans la nature actuelle, des continents et des mers, des plantes et des animaux terrestres, des plantes et des animaux marins; et dans les mers, des animaux pélagiens et des animaux côtiers à toutes les zones de profondeur. Pour qu'un étage soit complet, il doit montrer un ensemble d'êtres marins et terrestres ou marins, qui puisse représenter une époque toute entière, analogue au développement que nous voyons actuellement sur la terre* ».

(*Cours de Paléontologie française du jurassique*)

Pour l'ère primaire ou paléozoïque, d'Orbigny reprend les quatre étages déterminés par Murchison ; silurien, dévonien, carbonifère et permien.

C'est essentiellement à l'intérieur de l'ère secondaire ou mésozoïque qu'il va établir, dans les grandes divisions nommées **Jurassique** - parce que d'abord étudiées dans le Jura - et **Crétacé** à cause de l'abondance des couches crayeuses déposées en Europe. Il va étudier sur le terrain, parcourant les carrières de France. Il va définir ces subdivisions, étalonnant une échelle de temps.

Ainsi, dans les couches jurassiques, il nomme, en 1849, le **Toarcien**[19] dans des carrières de grès et de calcaire marneux près de Thouars dans les Deux Sèvres. La dénomination dérive du nom latin *Toarcium* de l'antique cité. Après la fin des exploitations, deux fronts de carrières constituent aujourd'hui un site protégé,

---

19. Le site a été protégé par un décret ministériel du 23 novembre 1987 au titre de la loi du 10 juillet 1976 sur la protection de la Nature. Aujourd'hui, on étalonne la transgression marine de -187 à -180 millions d'années.

outil pédagogique et de recherche plus approfondie. L'endroit permet de mettre en évidence le début de la transgression marine avec les galets et les sables sous une couche aux dents de requins, aux fossiles pélagiens comme l'ammonite ***Harpoceras falciferum***, ou ***Hildoceras apertum***, fossiles ne se retrouvant pas dans une autre couche géologique. Ils étaient caractéristiques de la profondeur, du climat, de l'agitation de cette mer qui baignait l'Ouest de la France pendant quelques millions d'années. Avec la même rigueur, le géologue paléontologue a défini, dans les couches du Crétacé, le **Turonien**, en 1842, près de Tours, avec des bivalves très particuliers, les inocérames, le **Santonien** à Saintes, le **Coniacien** à Cognac avec une huître comme *ostrea auricularis.*

Pour chaque étage, il y a un cortège de fossiles. Certes l'ère secondaire fut le temps des grands reptiles, *Tyrannosaurus, Triceratops, Pteranodon*... peu de chances qu'ils se fassent piéger dans une carotte de sondage. Il n'en est pas de même pour les coquilles plus petites et surtout pour les micro fossiles, les foraminifères, **marqueurs chronologiques d'élection**, différents pour chaque étage, sauf exception.

Pour d'Orbigny, chaque étape de repos est séparée par une phase tectonique, un soulèvement de massif montagneux ou une surrection volcanique, ce sont *les révolutions du globe*, idée déjà chère à Cuvier et poursuivie par Elie de Beaumont. Les critiques furent nombreuses dans les dernières décades du dix-neuvième siècle, les affirmations sont plus modulées maintenant.

Les divisions, les étages géologiques, furent même l'objet de railleries, pourtant Paul Fischer écrira, en 1878, bien tard : « *Les objections ne renversent pas ce fait fondamental, qu'à un moment donné il a existé sur la Terre une faune et une flore éocènes, par exemple, distinctes des faunes et des flores crétacées et miocènes. Toute la discussion porte sur le remplacement, soit insensible et dépendant, soit indépendant et brusque, de la faune et de la flore de chaque période* [20] ».

Le 24 avril 1846, M. d'Orbigny soutient devant la Faculté des Sciences de Paris, une ***thèse de géologie sur les Ammonites***,

20. *Bulletin de la Société Géologique F.*, 1878.

elle est dédiée à Alexandre Brongniart et à la mémoire de Georges Cuvier. Il commence par un panorama général des études antérieures et le chaos résultant de nominations diverses et de bases diverses également de classification.

Dès 1841, il avait déclaré, très judicieusement, qu'il fallait s'attacher à la forme des lobes des cloisons des loges de ces céphalopodes, comme l'avait proposé le géologue allemand Léopold de Buch, en 1829, plus qu'aux ornements extérieurs des coquilles brisées, incomplètes...

Il envisage aussi les variations dans la croissance de ces mollusques disparus et même peut-être un dimorphisme sexuel, question non toujours résolue mais intéressante. Il énumère alors les grandes divisions des temps secondaires où sont apparues ces élégants animaux marins. En fait, le genre apparaît déjà timidement à la fin du primaire.

Pour les premiers étages du jurassique, il nomme une *ammonite Caumontii*, hommage à Arcisse de Caumont et dans l'Aptien, une *ammonite Archiacianus*, hommage à d'Archiac ; c'est l'usage. Dans l'étage **Barrémien** du crétacé inférieur, Alcide crée *Emericiceras* pour un genre d'ammonites, témoignage d'amitié et de reconnaissance pour l'ecclésiastique Joseph Emeric qui, comme le pharmacien ou le docteur de Barrème, contribuait avec enthousiasme à ses recherches dans les carrières.

Respectant la règle de l'antériorité, il conserve les dénominations données par Sowerby ou Defrance ; le plus grand nombre, nouvelles espèces, reçoivent le nom qu'il leur attribue et qu'elles ont encore souvent gardé.

Dans son *Cours*, Alcide d'Orbigny écrivait encore, en 1852, à propos du Jurassique : ***« A dix reprises successives, des perturbations géologiques plus énergiques que des oscillations sont venues interrompre l'animalisation de la terre et des mers et détruire PRESQUE tous les êtres. »*** On peut épiloguer sur ce « ***PRESQUE*** », dans cette phrase citée par Michel Rioult[21].

---

21. Rioult Michel de l'université de Caen a donné une communication des plus remarquable au Colloque du jurassique tenu au Luxembourg, en 1967.(*Alcide d'Orbigny et les étages Jurassique, Mémoires du B. R. G. M.,* n° 75 .1971.)

Dans cette thèse, exemple du travail remarquable dont il était coutumier, il affirme que les ammonites, peu nombreuses au trias, au début de l'ère secondaire se sont épanouies au jurassique, en particulier à l'Oxfordien puis avec une diminution au début du crétacé se sont à nouveau développées dans les océans mais aucune espèce ne se retrouve plus au-delà des couches de la craie blanche. Toutes considérations absolument exactes. Parmi les divers points de conclusion, retenons :

- *« des limites tranchées entre les faunes propres à chaque formation de terrain, puisqu'aucune des espèces ne passe des terrains jurassiques aux terrains crétacés ».* **exact.**

- *« Il y a plus de différence entre les formes propres aux terrains jurassiques et crétacés qu'il n'y en a, par exemple, entre les différents étages des terrains crétacés eux-mêmes ».* **exact.**

- *« Dans tous les cas à très peu d'exception près, les espèces d'ammonites sont entièrement distinctes par terrain, et suivant les étages de ces terrains, et toutes peuvent servir à les distinguer nettement les uns des autres, sous quelque forme minéralogique qu'ils se présentent ».* **exact.**

L'évidence qui ne lui a pas échappée, c'est que quelques espèces, *les exceptions*, appartiennent à deux terrains. Un peu embarrassé, il déclare que ces espèces de haute mer ont été entraînées et se sont déposées dans le terrain inférieur érodé. Pour les paléontologues d'aujourd'hui, ces espèces n'étant pas des marqueurs précis, on ne retient que les fossiles qui sont liés à une chronologie déterminée, c'est le plus grand nombre et c'est un des grands acquis que nous devons au travail laborieux de d'Orbigny. Monsieur d'Orbigny obtint le grade de *docteur ès Sciences Naturelles.*

A la séance de la Société géologique du 2 novembre 1846, Jules Marcou déclare : *« M. Alcide d'Orbigny a introduit très judicieusement plusieurs noms qui remplacent avec beaucoup davantage ceux que portaient primitivement ces groupes. Maintenant, on utilise : **Turonien, Aptien, Sénonien** de même que*

***Néocomien**, déterminé par le géologue suisse, Jules Thurmann, d'après la ville de Neufchâtel, en 1836 ».*

Par contre, Constant Prévost[22] déclarait en 1845, à la Société de Géologie[23] :

« *Je proteste contre les abus que l'on fait chaque jour de plus en plus de l'application de la Paléontologie à la Géologie* ».

Opposé aux idées de Cuvier et d'Elie de Beaumont, cette forte personnalité niait l'importance stratigraphique des fossiles.

En 1846, Alcide d'Orbigny avait soutenu parallèlement à son ouvrage sur les ammonites, une thèse de zoologie sur les **bélemnites,** également pour obtenir le grade de docteur de Sciences naturelles. La thèse est dédiée à son père, M. Charles-Marie d'Orbigny et à M. Gaudry, son beau-père. Le travail, là aussi est remarquable.

---

22. **Constant Prévost Louis** (Paris 1787-Paris 1856) après des études de médecine, choisit la géologie et obtint la première chaire de cette matière en 1831 à La Sorbonne. Fut président de la Société de Géologie en 1834, 1859 et 1851.
23. *Bulletin de la Société Géologique F.*, tome XI, p. 371.

Fig. 31 : Carte du voyage dans l'édition bolivienne (1845).

XI - 1 - *Viaje a la América meridional*

Cette première partie du *Voyage* en Bolivie, correspondant aux derniers chapitres du tome II et aux premiers du tome III paraissent à Paris, en 1845, en langue espagnole. Alcide en a assuré la traduction avec son ami et poète bolivien, Ricardo Bustamente. Un appendice du consul Vicente Paros assure que l'on va tenir compte des analyses du naturaliste sur les richesses de la Bolivie et qu'un commerce va se développer avec la France comme partenaire privilégiée. Un deuxième appendice du consul, Don Antonio Acosta, envisage la remontée de l'Amazone en bateau à vapeur pour relier directement la France et la Bolivie en évitant le Pacifique et le détour par le Cap Horn. Ce volume a été réédité plusieurs fois à la Paz, en particulier en 1956, et en fac-similé, en 1992, à Santa Cruz de la Sierra.

XI - 2 - Mollusques vivants et fossiles

Le 5 mars 1845, Alcide d'Orbigny lit à la Société Géologique un extrait de son ouvrage qui a récapitulé 70 000 espèces de mollusques, le volume de 605 pages avec 35 planches coloriées sera publié en 1847, à Paris, chez Delahays. Le savant a le souci de n'être jamais ennuyeux en même temps qu'il se conforme à un souci d'exhaustivité. On peut lire dans l'introduction : La *Venus cancellata* est la clovis qui fait les délices des habitants de La Rochelle. La *Littorine littorin* se vend sous le nom de *Guignette* à La Rochelle, de bigorneau et de burgo sur les côtes de Bretagne. Les coquilles de la *Voluta magellanica forment les tasses des Patagons.* Que ces détails pittoresques ne fassent pas croire au sérieux des pages de ce fort volume.

X - 3 - D'autres Foraminifères

Les foraminifères est un ordre créé par d'Orbigny, ce qui pourrait déjà suffire à lui devoir la reconnaissance de la postérité[1].

Depuis 1838, Alcide d'Orbigny était sollicité pour étudier **les foraminifères du Bassin de Vienne**, capitale de l'Autriche, à la demande du chevalier Joseph Hauer, membre de la Société géologique.

Ce travail était sans cesse remis, la rédaction du *Voyage*, l'élaboration du travail de géologie stratigraphique étaient prioritaires. Après deux ans de travail sur une collection qui s'était enrichie, la publication est possible, elle est aussi l'occasion de corrélation entre des foraminifères de l'ère tertiaire du bassin de Vienne avec des fossiles identiques des environs de Sienne, en Italie.

L'édition bilingue fut publiée sous les auspices de Sa Majesté l'Empereur d'Autriche. Le savant devait à chaque fois nommer les fossiles nouveaux, ainsi des foraminifères danubiens : *Nodosaria mariae, Textulariae mariae, Gaudrina pupoîdes...*, hommage à Marie, l'épouse du savant, à Gaudry, son beau-père, hommage aussi aux commanditaires *Cristellaria Josephina* et *Rotalina Haueri.* Le portrait d'Alcide d'Orbigny est sculpté au-dessus d'une fenêtre du muséum d'Histoire Naturelle de la ville, bâtiment jumeau de celui des Beaux-Arts, le long du Ring.

On demanda aussi à M. d'Orbigny, *le spécialiste*, l'étude des **foraminifères du bassin de Moscou**. Il fut décoré de l'ordre de Saint-Wladimir et eut un cadeau du tsar : des boutons de manchette au cœur de jais cerné de perles fines, boutons qui furent montés en broches, beaucoup plus tard.[2]

1. L'ordre des Foraminifères est une création d'Alcide d'Orbigny déclara Isodore Geoffroy Saint-Hilaire.
2. **Cogniard Yvonne,** arrière petite-fille d'Alcide et de Marie m'a montré, en 1979, l'une de ces broches, relique précieuse. Sa sœur avait un portrait ovale de Marie, visage encadré de boucles blanches, vêtue de noir, un châle discret était retenu par l'autre broche avec l'éclat des petites perles.

X - 4 - *Histoire générale et particulière des Céphalopodes* acétabulifères[3] vivants et fossiles (ouvrage commencé par MM. de Férussac et Alcide d'Orbigny et continué par A. d'Orbigny.)

Commencé dès sa jeunesse à la Rochelle avec le baron de Férussac, alors décédé, M. d'Orbigny reprend et complète l'ouvrage avec d'autres mollusques rapportés par les nombreux voyageurs du Muséum. Là encore, c'est un travail qui se veut exhaustif. Il est terminé en 1848, un volume de 417 pages avec 143 planches coloriées. La classification reste à la base de la systématique moderne.

Bruits de couloir

Une lettre de Charles-Henri d'Orbigny au professeur Duvernoy le félicitant de son élection à l'Institut laisse deviner les rivalités, les luttes d'influence, les rancœurs, mais aussi les amitiés comme dans toute société.

« Paris, 26 mai 1847.

J'ai appris hier votre proclamation comme membre de l'Institut. Permettez moi, de me joindre à vos amis pour vous exprimer la bien vive satisfaction que me fait éprouver cette nomination.

Ce n'est d'ailleurs à mes yeux qu'une faible réparation de l'intrigue qui vous a empêché d'arriver lors de l'élection de M. V... car il n'y a qu'une voix pour reconnaître que les travaux de cet académicien ont sous tous les rapports infiniment moins d'importance que les vôtres qui sont à la fois plus nombreux et tous d'une haute portée scientifique.

Agréez, Monsieur, l'expression de mes sentiments affectueux.

Votre tout dévoué

Charles d'Orbigny[4] *».*

---

3. Ce sont les céphalopodes qui portent des ventouses comme les seiches ou les pieuvres, leur corps est comme un réceptacle, *acetabulum* désignait le vase de vinaigre chez les Romains. On peut confirmer là, les connaissances classiques du savant.

4. Biblio. cent. MNHN, Ms 2750.

X - 5 - Les palmiers d'Amérique

Pendant son voyage en Amérique, Alcide d'Orbigny s'était pris de passion pour les palmiers qu'il avait nommés et dessinés. Son étude extraordinairement précise ainsi que ses croquis vont être utilisés par un savant de la Cour de Bavière, Charles Frédéric Philippe von **Martius**[5] qui élabora une histoire naturelle des Palmiers et écrivit : *« Notre savoir sur les palmiers du nouveau monde a énormément gagné à ce que cet homme si vaillant nous a offert »*. Les palmiers avaient gardé des noms indiens ou reçu des noms de genre ou espèce rendant hommage aux maîtres et amis, à Audoin, Brongniart, Lamarck, Guérin... Martius reprend tout dans une classification générale. Le *Palma de rosarios* dont les fruits servaient à faire des grains de chapelet devint *Euterpe précatoria.* le Palmier de Raspail, (Raspail, le chimiste, membre actif de la Société des Droits de l'Homme) devint *Geonoma Orbignyana.* Le palmier de Lamarck dont d'Orbigny dit, reprenant les notes du *Voyage* : ***« Je me suis assuré par expérience que le cœur des feuilles est un aliment agréable et abondant. Pendant plusieurs jours, ma troupe n'eut pas d'autre nourriture. Le goût est sucré. Les Indiens Yuracarès et Mocetenès s'en nourrissent quand la chasse leur manque ...»*** est désormais *Inartea Lamarckiana.* Le *palmier d'Audoin* devint, *Euterpe Haenkeana.*[6]

L'ouvrage paraît, en 1847, dans le tome VII du *Voyage*, *Palmetum Orbignacium*, avec les trente deux planches illustrées superbes reprises par le graveur Delarue d'après les dessins

5. **Martius** (1794-1868 en Bavière) il avait participé de 1817 à 1820 à une mission scientifique financée par Maximilien d'Autriche, avec le prince du Portugal devenu l'empereur Pedro I du Brésil et son épouse l'archiduchesse Léopoldine d'Autriche. De retour à Munich, il fut comblé de faveurs et devint le directeur du Jardin et des collections botaniques. Il lui fallut 28 ans de travail pour élaborer une classification de 6 500 espèces de palmiers, ceux de son propre voyage et ceux d'autres naturalistes dont Alcide enterré sous d'Orbigny dont les dessins et observations lui ont été des plus utiles pour son *Histoire Naturelle des Palmiers*. Il fut enterré sous des feuilles de palmiers, *« attendant la résurrection » « in palmis semperparens juventus ; In palmis resurgo »*.

6. **Haenke** Tadeusz, né en Bohême en 1795, a fait un travail considérable sur ce qui était le Haut-Pérou. Il mourut en 1816 à Cochabamba. Ses journaux, sont dispersés à Madrid, Séville, Buenos-Ayres, Prague, écrits dans le même paragraphe, en allemand, italien, espagnol, ils attendent des chercheurs aux compétences multiples.

aquarellés originaux du naturaliste[7]. N'étant pas spécialement botaniste avant son départ pour le Nouveau Monde, Alcide avait aussi, en ce domaine, très bien rempli sa mission. Plus de 1600 plantes, dans les réserves du département de phanérogamie attendent les chercheurs.

Le 20 juin de cette année 1847 est née Berthe au foyer d'Alcide et Marie, c'est la seule de ses quatre enfants qui a une descendance.

Le 8 novembre, la Société a rendu hommage à l'un de ses fondateurs : Alexandre Brongniart : « *Sur de ceux qui ont le plus honoré sa patrie, dans les contrées même les plus éloignées et il restera à jamais associé à la géologie* [8] ».

D'Orbigny avait rapporté près de 4 000 espèces d'insectes, Auguste Brullé en a décrit 217 dans les premières livraisons du *Voyage*. Les matériaux rapportés par le naturaliste-voyageur, étaient vraiment trop abondants dans tous les domaines. Dans les dernières livraisons, Emile Blanchard, autre-aide naturaliste décrit encore 569 espèces [9].

« La merveilleuse patience de d'Orbigny, ainsi que son habileté à tirer parti des moindres caractères distinctifs, sont encore attestés par la collection de ***bryozoaires****, qu'il a formée. Elle comprend plusieurs milliers de tubes, dont chacun est rempli de ces petits fossiles. Il lui a fallu examiner au microscope chaque spécimen, le classer et le nommer ».*

(Paul Fischer, en 1878)

---

7. Ces aquarelles sont conservées à la bibliothèque centrale du Muséum.

8. *Bulletin de la Société Géologique F.*, tome XII, 1878.

9 L'Amérique du sud a été plus sensible que la France à l'apport de d'Orbigny, dans cette spécialité aussi. En **1929**, M. J. N. **Thomas** de Santiago du Chili créa un **Prix Alcide d'Orbigny**, donnant pour cela 1000 F, somme destinée à être partagée entre deux entomologistes sud-américains, prix qui sera renouvelé pendant quatre ans de manière à distinguer 8 entomologistes appartenant à 8 pays différents d'Amérique latine.(document dans le livre du *Centenaire de la Société d'entomologie*)

La précision du dessin de ces animaux coloniaux qui forment un tissu délicat sur leur support, font l'admiration de M. **Paul Taylor**[10].

Les 160 mammifères, tués à regret et ayant subi tous les soins attentifs de conservation, furent à peine exploités. Dès 1830, Isidore Geoffroy Saint-Hilaire qui avait reçu de Buenos-Ayres, une petite viscache, une espèce nouvelle de la famille des chinchillas en avait fait une communication aux *Annales de Sciences Naturelles*, bulletin qu'il avait fondé en 1822 avec Audoin, Brongniart et Dumas.

Dans la préface de la dernière partie du tome IV du *Voyage* qui traite des *Mammifères*, d'Orbigny écrit, le 10 janvier 1847 :

« *Je me résigne donc, aidé du savant concours de M. Paul Gervais, si versé dans l'étude mammalogique, à indiquer seulement une petite partie des espèces que j'ai déposées au Museum d'histoire naturelle de Paris, et sur lesquelles j'ai des notes bien plus étendues* ».

Felis Geoffroyi, félin gracieux, au pelage magnifique qu'il a capturé au bord du Rio Negro, en Patagonie, est l'un de ceux dont la présence dangereuse fut débusquée, dans les fourrés ombreux, par ce chien au poil roussâtre, Cachirulo. Les singes rapportés par Alcide, ces singes du Nouveau Monde à queue prenante ont été dessinés avec talent par Werner (*Callitrix donophilus* ou *Cebus fulvus* aux faciès étonnés et aux douces fourrures) et ce cerf aux bois bifurqués dès la base (*Cervus antinensis*) commun aux environs de la Paz, au-dessus de 3 500 m d'altitude.

---

10. Taylor Paul, paléontologue du Muséum d'Histoire Naturelle de Londres qui reprend l'étude au microscope électronique à balayage, des bryozoaires décrits et dessinés par A. d'Orbigny.

X - 6 - 1848, Le souffle d'une Révolution

Le gouvernement de Louis-Philippe limite les libertés, celles de la circulation et de la presse. Les attentats, en particulier celui de la rue Transnonain inquiètent le pouvoir. Les derniers hivers ont été rigoureux et les récoltes insuffisantes.

Lorsque le consul de France, chargé des Affaires commerciales, **Léonce Angrand** est nommé en Bolivie, en novembre 1846, il a, entre autres missions, celle d'envoyer au plus vite 1 000 à 1 200 kg de pommes de terre et 5 à 6 kg de graines pour régénérer cette plante altérée en France avec les espèces d'origine. Le consul subit toute la panoplie des épreuves du voyage, il n'arrive qu'en février 1848[11].

Paris se couvre de barricades, la révolution est en marche. Le 25 février 1848, la République est proclamée à l'Hôtel de Ville par Lamartine, Ledru-Rollin, Dupont de l'Eure..., elle instaure le suffrage universel, limite la durée du travail à dix heures par jour et supprime l'esclavage. C'est la fête, on plante des arbres de la liberté, Victor Hugo est adjoint au maire de son arrondissement.

Pour régler prestement le problème du chômage, on crée des ateliers nationaux. Le creusois Martin Nadaud travaille sur le chantier du Panthéon en construction. La sape et la désorganisation des ateliers conduisent aux journées insurrectionnelles de juin, journées sanglantes au cœur de Paris.

Les *réunions extraordinaires* de la Société n'auront pas lieu. Le 12 décembre 1848, Louis-Napoléon Bonaparte est élu, avec une forte majorité, Président, il prête serment de fidélité à la République démocratique et à la Constitution.

La réaction reprend les rênes : arrestations, déportations vers l'Algérie en voie de colonisation.

Alcide et sa famille peuvent-ils rester à Paris ? Une lettre atteste la présence du professeur du Muséum, à Pierrefitte-sur-Seine, en août 1850, on peut penser qu'il avait éloigné sa famille du

---

11. Renseignements d'après le tome I de la *Correspondance consulaire et commerciale de Chuquisaca.* La collection *Siendas abiertas frances en Bolivia* a publié : *Léonce Angrand, un diplomate français en Bolivie*, 1847-1849, grâce à M. Jean-Michel Marlaud et aux travaux et recherches conjoints de Frédéric Richard, professeur au collège franco-bolivien de la Paz et de José de Mesa, Ricardo Cespedes et Edgardo Rivera.

quartier du Marché Saint-Honoré dès les émeutes du début de 1848. Louise, aînée de Marie, a épousé Ernest Labbé un négociant. Ils demeurent rue de Choiseul mais ils possèdent à Pierrefitte, une grande demeure au milieu d'un parc de sept hectares, rue Gloriette.

Dominé par une colline, la Butte Pinson, dont les flancs portent quelques vignes, le village n'a pas mille habitants. On y compte encore des ânes et des moutons. Un horticulteur expérimente la culture des œillets. La maison des Labbé est voisine de celle qui appartint au cardinal de Retz.

Lettre adressée à Mr de Saint-Priest, homme de lettres, 31, rue Jacob à Paris .

Pierrefitte, le 28 août 1850

« Monsieur, Si j'avais eu une série complète d'articles à faire sur les mollusques dans un ouvrage, je l'aurais entrepris volontiers, en cherchant à mettre d'accord les détails de l'ensemble; mais, ne connaissant pas les articles déjà publiés dans votre Encyclopédie, quant à leur portée et à leur direction ; je ne puis me charger de l'article ***Mollusques****.*
...Vous concevrez que laisser mes travaux ordinaires d'investigation ...Veuillez, Monsieur, recevoir mes excuses et agréer mes compliments très empressés

Alcide d'Orbigny [12] *».*

Fig. 32 : Maison d'Ernest Labbé à Pierrefitte-sur-Seine.(1905)

12. Médiathèque de La Rochelle, Ms 654. F° 124.

Depuis 1849, Alcide d'Orbigny a enfin obtenu le poste de professeur de géologie, remplaçant Constant Prévost, qui se retirait et n'avait jamais apprécié *ses étages géologiques.*

Le premier cours a lieu, le vendredi 27 avril 1849 :

« Messieurs,

En paraissant dans cette enceinte où tant de fois vous avez entendu la parole savante et persuasive de M. Constant Prévost, où tant de fois vous lui avez prodigué avec enthousiasme, vos nombreux applaudissements, je ne puis m'empêcher d'éprouver un juste sentiment de défiance de mes propres forces....

La géologie, vous le savez, peut s'envisager sous des points de vue tous différents qui demandent, chacun en particulier beaucoup de développement.

On peut prendre toutes les ***questions théoriques générales On peut choisir les phénomènes volcaniques.***

Je préfère, pour ne pas sortir de la partie la plus positive de la science, m'occuper spécialement des couches stratifiées du globe terrestre. Je les choisis de préférence... ...parce qu'elles nous donneront, sans hypothèse, en scrutant seulement les faits, l'histoire chronologique des phénomènes terrestres et marins qui se sont succédés à la surface du globe... ...enfin parce qu'elles renferment l'histoire non moins attrayante de la marche suivie par la nature, dont le développement de l'animalisation, à toutes les époques du monde animé[13] *».*

13. Biblio. cent. MNHN, Ms 2095.

X - 7 - *Cours élémentaire de paléontologie et de géologie stratigraphique*

Le professeur publie son *Cours élémentaire de Paléontologie et de Géologie stratigraphique*[14], synthèse de toutes ses recherches affirmant l'importance des étages géologiques, contre l'opinion de l'ensemble de ses collègues.

On peut se procurer la totalité du *Voyage* en 10 volumes in 4° comprenant 500 planches. Albert Gaudry[15] qui n'a que vingt-deux ans, attaché au muséum, est présenté à la Société Géologique par ses oncles Alcide et Charles.

En janvier 1849, le vicomte d'Archiac[16] a été élu président, avec une faible majorité. Pour la Société, l'année s'était déroulée, assez morne avec des séances très courtes. Une nouvelle épidémie de choléra sévissait alors à Paris, elle emporta Julie Gaudry, née Gayral, l'épouse du bâtonnier. C'est à sa mémoire qu'Albert Gaudry dédicacera sa thèse de doctorat es sciences, en 1852, dédiée aussi à Alcide et Charles-Henri. Isabelle naît au mois de septembre, un mois après le décès de Julie qui s'inquiétait, à tort, de cette troisième maternité pour sa fille Marie[17].

---

14. *Cours élémentaire...* en trois volumes in-18 avec plus de 600 figures. chez Masson, place de l'Ecole de Médecine, Paris.(1849-1852)

15. **Gaudry, Albert** (1827-1908) Il voyagera, en 1853 et 1854, dans l'île de Chypre, étudiant sa composition géologique et s'illustrera en Grèce, en particulier avec la découverte de mammifères fossiles à Pikermi. Il obtiendra la chaire de paléontologie après d'Archiac.

16. **Archiac,** vicomte d' (1802-1869) descendant d'une ancienne famille noble de l'Angoûmois, est resté attaché à l'Ancien Régime. Après une carrière militaire, il préféra se tourner vers la géologie à partir de 1832. En 1839, il publia un *Essai sur la coordination des terrains tertiaires dans le Nord de la France, l'Angleterre et la Belgique*. Il était aussi très versé dans l'étude des fossiles, en particulier les nummulites qu'il avait reçu de l'Inde. Il occupera la chaire de paléontologie de 1861 à 1868.

17. **Gaudry, Jules** *Derniers moments de ma mère*. Inédit confié par un descendant, Antoine Levent.

X - 8 - *Prodrome de paléontologie stratigraphique universelle des animaux mollusques et rayonnés*

Alcide entame là, la rédaction d'une œuvre de très grande ampleur qu'il ne terminera pas mais dont les matériaux accumulés serviront d'études pour près de quarante années.

Ce *Prodrome*, ce sont les preuves, les pièces justificatives, avec l'étude commencée depuis 1835, de près de 200 000 fossiles dans l'ordre d'apparition des formes successives de la vie, cette marche vers **l'animalisation** depuis le paléozoïque jusqu'aux époques actuelles.

Une immense classification par systèmes et étages, définis par la faune spécifique, cela forme trois volumes de plus de 600 pages chacun. la révélation d'une puissance de travail étonnante. Avec la *Paléontologie française*, le *Cours élémentaire*, ce *Prodrome* est une autre œuvre monumentale du savant jetant les bases d'une vision grandiose que ses collègues ne comprendront pas.

Charles-Henri est toujours l'âme de la Société géologique, il poursuit la publication du *Dictionnaire d'Histoire Naturelle*.

Je retiens dans le trop rare courrier qui est parvenu une de ses lettres à l'écriture élégante et très soignée :

« **Paris, 1er mai 1850,** ***Madame,***

J'ai l'honneur de vous informer que ma première excursion géologique aura lieu dimanche prochain 8 mai à Meudon. Le rendez-vous est à 9 heures et demie à l'Embarcadère du chemin de fer de Versailles (rive gauche), Barrière de Maine. Départ 10 heures précises.

Veuillez agréer, Madame, l'expression de mes sentiments distingués.

Charles d'Orbigny [18] ».

Je n'ai pas trouvé de membre féminin dans la liste de la Société Géologique, les excursions s'ouvraient-elles à un public plus large non initié ? On peut s'amuser à faire d'autres suppositions romanesques, par exemple mais Charles-Henri est marié avec Pauline Petit.

---

18. Médiathèque de La Rochelle, Ms 654. F° 182.

En 1851, Omalius d'Halloy, président de la Société , reçoit les travaux de Barrande[19] sur les fossiles du Silurien de Bohême et une lettre d'Ami Boué informant de toutes les fêtes organisées à Freiberg et à Vienne, en Autriche pour le centenaire de la naissance de Werner (1749-1817), célèbre professeur de minéralogie et défenseur des théories neptuniennes.

Le 2 décembre 1851, Louis Napoléon est le nouvel empereur des Français. Victor Hugo quitte la France.

Charles-Henri n'a pas l'envergure de son frère, mais Alcide est aussi le nom d'un demi dieu, Hercule né des amours d'Alcmène et de Zeus, sous les traits d'Amphitryon, en ce temps là, tout le monde sait cela. On peut sourire.

Charles-Henri, plus effacé, est une autorité, dans son domaine. Il écrit à un certain Vicomte, sur un élégant papier bleu à en-tête[20] :

Dictionnaire universel d'Histoire Naturelle

rue de Seine Saint-Germain ou 20, rue Saint-Victor

Paris, 12 juillet 1854

« Monsieur le Vicomte

J'ai l'honneur de vous présenter Mr del Monte qui a découvert récemment en Algérie de puissantes et anciennes carrières romaines de marbre onyx translucide (albâtre antique)

Cet albâtre oriental sur lequel j'ai fait un rapport scientifique qui vous sera remis est d'une beauté admirable et forme une masse exploitable tellement considérable qu'on l'évalue plus d'un million de mètres cube. J'ai pensé Monsieur le Vicomte que cette opération à raison de son importance réelle, pourrait vous intéresser et j'ai engagé Monsieur del Monte à en causer avec vous.

Veuillez, Monsieur le Vicomte, agréez l'expression des sentiments distingués de votre tout dévoué serviteur

Charles d'Orbigny, rue Amelot n° 36 ».

---

19. **Barrande, Joachim**, (Saugues 1799-Autriche 1883) Etudie à l'école des Ponts et Chaussées. Précepteur à partir de 1830, d'Henri de Chambord, petit-fils de Charles X, qu'il suit dans son exil à Prague. A partir de 1832, il est ingénieur en Bohème et découvre les trilobites pour lesquels il va se passionner. Il les étudie et publie de nombreux ouvrages. Il meurt en Autriche où il avait rejoint son ancien élève, malade. Un quartier de Prague s'appelle Barrandov.

20. Médiathèque de La Rochelle, Ms 654, F° 181.

Fig. 33 : Le Grand Amphithéâtre du Jardin des Plantes en 1819, d'après une gravure.

XII - Création d'une chaire de Paléontologie 1853

Qu'il sollicite un poste de professeur ou l'admission à l'Académie des Sciences que l'ampleur de ses travaux justifie, Monsieur d'Orbigny essuie de sévères refus, il n'est plus ***le héros*** du *Voyage en Amérique.* D'autres font le tour du monde et ont publié leurs relations de voyage, comme M. Darwin et bien avant 1847.

D'Orbigny n'a pas pensé à la célébrité mondaine qu'il aurait acquis avec une publication rapide, son œuvre novatrice de paléontologue avait la priorité malgré les sarcasmes. L'importance qu'il accorde aux fossiles irrite les zoologistes qui ont mésestimé ses classifications. Les minéralogistes, attachés à la nature des roches et à la formation des plissements ne voient pas non plus l'intérêt des fossiles. Incompréhension, jalousie, le monde scientifique, comme les autres sociétés, connaît la mesquinerie et les frôlements de vérité.

Le vicomte **Villiers du Terrrage**, (1774-1858) pair de France depuis 1837 a les faveurs de Louis-Philippe, il écrivit dans une lettre conservée aux Archives de l'Académie des Sciences, **le 1er mars 1846** pour demander une chaire de paléontologie :

« *Les amis des sciences naturelles appellent de leurs vœux la création d'une chaire de Paléontologie.*

Je ne crois pas que mon amitié m'abuse en affirmant que personne mieux que
M. d'Orbigny *ne peut en être chargé. Cet avis est celui d'un bien plus habile que moi, de M. Elie de Beaumont.*
Si c'était enfin le vôtre, et celui de mon ami M. Brongniart, je vous aurais une grande obligation de patronner M. d'Orbigny..
Il y a vingt deux ans qu'apparaissait chez M. d'Orbigny le germe du talent qui a mûri chez lui, je le recommandai à l'administration du Muséum d'histoire naturelle, et qu'à ma prière il était envoyé en Amérique. Vous voyez s'il a justifié l'opinion que l'on a bien voulu concevoir de lui dans ma désignation.

Le zèle de M. d'Orbigny m'a peut-être moins séduit, dans cet infatigable jeune homme, que la parfaite honnêteté, que l'horreur de tout esprit d'intrigue dont, en toute occasion il m'a donné la preuve.

Veuillez-vous partager avec Madame, les hommages du respectueux attachement *et de la plus haute estime de votre tout dévoué ».*

Villiers du Terrage[1].

La lettre est adressée à Emilien Dumas[2]. Les amis ne manquent pas mais le poste de professeur n'est toujours pas attribué. Il s'en faudra encore de sept années.

La candidature à L'Institut en 1844, à la place de Geoffroy Saint-Hilaire qui venait de décéder fut un deuxième échec, pour d'Orbigny ; **Achille Valenciennes**, de peu son aîné, fut élu[3].

En 1850, la *Paléontologie française des terrains jurassiques* achevée formait un volume de 600 pages avec un atlas de 234 planches. Chaque année, le naturaliste présentait des mémoires particuliers à l'Académie, avec son cours élémentaire de paléontologie et géologie stratigraphique, il pouvait espérer la place de Blainville. C'est Victor Coste qui l'emporta[4].

Ces candidatures présentées dans la section *Zoologie* n'étaient pas les plus appropriées, il aurait fallu y être plus attentif et plaire davantage à l'aréopage des Académiciens, la plupart, ses collègues au Muséum, aveugles à son acharnement sur les fossiles,

---

1. Arch. De l'Académie des Sciences. Dossier d'Orbigny.
2. **Dumas Emilien** (1804-1864), appartenant à la religion réformée, il avait été proche de Cuvier dont il avait suivi les cours ainsi que ceux de Gay Lussac et Geoffroy Saint-Hilaire, peut-être y avait--il connu le jeune Alcide. Installé dans le Gard dont il dressa la carte géologique, il est maintenant correspondant du ministère de l'Instruction publique.
3. **Valenciennes Achille** (1794-1865) a rédigé, avec Cuvier, une *Histoire Naturelle des Poissons* en 22 volumes représentant une vingtaine d'années de travail, terminée en 1848. Valenciennes avait étudié les 166 espèces de poissons rapportés d'Amérique par Alcide mais la longueur de temps de la publication des derniers Tomes du *Voyage* n'avait permis, en 1847, que de leur consacrer six pages, avec seulement 40 espèces. Valenciennes utilisa les matériaux et les dessins de d'Orbigny dans son grand ouvrage, rendant justice, en quelque sorte au voyageur.
4. **Coste Victor** (1807 Castries dans l'Hérault-1873 Château de Rezenlieu dans l'Orne). Il étudia l'embryogénie et se consacra à la pisciculture dans les dernières années de sa vie.

marqueurs du Temps. A chaque fois, Alcide d'Orbigny n'est qu'en quatrième position dans la liste retenue, les chances étaient minces.

« *Absorbé par ses travaux de collection, par la publication de ses nombreux ouvrages, d'Orbigny songeait peu aux besoins réels de la vie. Peut-être espérait-il qu'on viendrait à lui, supposant avec quelque naïveté., qu'il suffit de mériter une situation pour l'obtenir* ». (Paul Fischer, 1878)[5]

On ne trouve, aux archives de l'Académie des Sciences qu'une seule lettre d'Alcide d'Orbigny :

13 mai 1850

« *Monsieur le Président,*

La perte douloureuse que l'Académie des Sciences vient de faire dans la personne de M. de Blainville, laissant une place vacante dans la section de Zoologie, je viens vous prier de vouloir bien admettre de nouveau ma candidature à cette place.
En attendant que je fasse imprimer la liste de mes travaux, permettez-moi, monsieur le président, de vous rappeler : que mon premier mémoire de zoologie date de 1823, qu'en 1825,avant mon départ pour l'Amérique, j'ai obtenu de l'Institut un premier rapport favorable avec insertion aux mémoires des Savants étrangers, qu'enfin, deux fois, en 1838 et 1844, j'ai déjà eu l'honneur d'être porté candidat dans la section.
A Monsieur le Président de l'Académie des Sciences.
A. d'Orbigny [6] ».

L'écriture est soignée mais le ton ne révèle aucune flatterie. Le candidat rappelle opportunément l'ancienneté de ses travaux assidus et constructifs.

---

5. *Bulletin de la Société Géologie de F.*, 1878.
6. Arch., de l'Académie des Sciences, dossier d'Orbigny.

Stephen Jay Gould, géologue et paléontologue de l'université de Harvard, écrivait, en 1993, dans le *Livre de la Vie* (Seuil) :

« La science prend place dans un contexte social, et est l'œuvre d'êtres humains immergés dans les contraintes de leur culture, et les affres des luttes politiques, les espoirs et les rêves liés à leur vécu psychologique et social ».

Charles-Lucien Bonaparte[7] posa sa candidature à l'Académie. Le dossier 2609 de la bibliothèque du Muséum de Paris possède quatre lettres de Constant Prévost au candidat qui porte *un nom illustre*.

Dans la lettre du 23 janvier 1850, on peut lire :

«...je n'ai pas, comme vous le pensez bien, employé la prière auprès de C. mais une doucereuse menace en le prévenant amicalement que s'il y a guerre je ne ménagerai pas son candidat ».

Dans la lettre du 21 avril 1852, Il rappelle qu'il a été, lui - même, candidat plusieurs fois de 1822 à 1847 : *«j'aurai pu accuser le népotisme, la politique, vous notez que j'ai toujours été signalé, poursuivi de 1820 à 1830 comme bonapartiste ».* Constant Prévost dénonce aussi l'esprit de corps des ingénieurs de l'Ecole des mines dont il n'était pas. Il est fier d'avoir été élu, néanmoins en 1848.

Dans la même lettre, il donne les conditions de la docte assemblée lorsqu'il proposa la candidature de C.-L. Bonaparte : *« malgré un assez fort tumulte et le désordre causé par l'ennui et la fatigue de longues et pénibles discussions qui avaient précédé et ce n'est qu'avec peine que le président a pu me faire écouter, que le Prince ne garde pas rancune à l'Académie si... »*

Le Prince ne fut pas élu, qui s'en souvient ? Ses riches collections sont, nommément au Muséum.

Se présentant à l'Académie, dans la section Minéralogie - Géologie, Alcide d'Orbigny subit encore un refus en 1854 et encore

---

7. **Bonaparte Charles-Lucien** (Paris, 1803-Paris 1857), fils de Lucien, il voyagea aux Etats-Unis, en 1823, il y rencontra Jean-Jacques Audubon avec lequel il fit ses premières observations d'ornithologie. Après une activité politique, en Italie puis en France, il se consacra, à partir de 1850, à la botanique et à l'ornithologie. Il dédia deux genres de passereaux à d'Orbigny : *Orbigenesius* et *Orbignesus*.

deux en mars et avril 1857, juste avant sa mort prématurée. L'obstruction était totale. C'est **d'Archiac** qui est élu, le 27 avril, à l'Académie des Sciences, au fauteuil de Constant Prévost. On peut imaginer l'amertume du paléontologue, du héros de Bolivia, du créateur des foraminifères, des étages géologiques avec leur cortège de nouvelles ammonites. Selon Jules Marcou, il aurait dit: « *Ah ! J'aurais dû faire comme Jacquemont, mourir sur les côtes de Bolivie, comme lui est mort à l'embouchure de l'Indus* ».

Terrible mouvement d'humeur dans lequel il ne faut pas l'enfermer non plus.

Dans la lettre de 1850, Constant Prévost écrivait à Charles-Lucien Bonaparte : « *permettez à mon zèle sincère de vous dire que je regarde comme indispensable de visiter tous les membres de l'Académie...* »

Le fier caractère de M. d'Orbigny n'a pas voulu se plier à ces démarches. Conscient de ce qu'il apportait au monde de la Science, il n'en aurait pas non plus pris le temps.

Enfin, place justifiée par tant de multiples travaux, M. Alcide d'Orbigny obtient en 1853, sur insistance du gouvernement, c'est-à-dire Napoléon III, **une chaire de paléontologie au Muséum**[8]. Cette chaire est créée à la place de celle de *Botanique à la campagne,* qui est supprimée à la mort d'Adrien de Jussieu.

Le général de Santa Cruz qui avait sollicité, en 1830, le jeune naturaliste pour faire l'inventaire de la Bolivie, qui l'avait reçu et protégé dans ces contrées lointaines avait-il usé de son influence ? Simple hypothèse[9].

---

8. Décret impérial du 5 juillet 1853.

9. **Andrès de Santa Cruz** avait perdu la présidence de la Bolivie en 1839. Après des années de traque et d'exils, il était venu en France en 1846 grâce à l'intervention de Louis-Philippe et de la Reine Victoria, sollicités par l'épouse de Santa Cruz. Reçu aux Tuileries, il était devenu représentant diplomatique de la Bolivie pour la France, l'Angleterre et la Belgique en 1848 lorsque son ancien camarade de combat, Belzu, était devenu Président de la République bolivienne. Les Santa Cruz demeuraient 40, rue d'Anjou Saint-Honoré, non loin d'Alcide qui avait regardé les vues d'optique expédiées alors de Paris avec la maréchale, à Chuquisaca, trente ans plus tôt. La demeure était un hôtel particulier où ils recevaient Napoléon III et Eugénie, épouse de l'empereur depuis le 29 janvier 1853, heureuse de deviser en espagnol avec Madame de Santa Cruz. La princesse

L'empereur a renoué avec les pompes anciennes, ainsi le 15 août est redevenue la Saint-Napoléon. Celui de 1854 fut particulièrement faste, *Te Deum* chanté dans toutes les églises, cent vingt arcs de triomphe de verdure le long des Champs-Élysées menant vers l'Arc qui est en chantier. Les cirques sont dans la rue, les théâtres sont gratuits, on peut applaudir Rachel dans le rôle d'*Andromaque.*

Monsieur **BAYLE**, professeur principal à l'Ecole des Mines envoie, le 16 mai 1853, cette lettre à Charles-Henri,

« Monsieur,

J'apprends....que M. Alcide d'Orbigny est nommé...la position particulière qu'on m'a faite auprès de M. Votre frère ne me permettant pas d'oser lui faire moi-même mon compliment je vous prie de le recevoir à sa place.

Les nombreux travaux qui l'ont fait connaître de tous les géologues reçoivent une récompense qui pour être tardive n'en est que plus éclatante.

Veuillez agréer l'assurance de ma considération la plus distinguée [10] *».*

Il nous manque beaucoup d'éléments pour analyser cette lettre, notamment à cette amitié qui n'osait pas s'afficher auparavant. Les refus essuyés à l'Institut donneraient-ils la clé du comportement de Monsieur Bayle ?

Mathilde était aussi une familière des salons. Le maréchal aurait déconseillé à l'empereur la tragique expédition au Mexique. Il mourut, d'une chute, en 1865 lors d'une villégiature au château de Beauvoir à Bouguenais, canton de Bouaye, chez son ami Jean-Baptiste Etienne, chevalier de la Légion d'Honneur et lié aux Sucreries Say, à Nantes. Tout le domaine de Beauvoir a fait place à un ensemble d'habitations et d'installations sportives, en 1950 pour les employés d'une centrale électrique, dans un esprit libéral. Les cendres de Santa Cruz ont rejoint la ville de la Paz, en 1965, dans une chapelle ouverte de la cathédrale, ornée d'une fresque présentant de fort nombreux personnages, pourquoi pas Alcide ? Un lycée français porte le nom de d'Orbigny à Bouaye. Coïncidence ?

10. Médiathèque de la Rochelle, Ms 654. F° 192.

M. d'Orbigny a commencé ses cours le 27 mars 1854, ils ont lieu le lundi et le vendredi[11]. Le même dossier contient des pages du dernier cours de 1855 :

« Enfin, nous avons cherché à vous conduire, en traversant les diverses phases de l'histoire du Monde et de sa Géographie ancienne, jusqu'à la naissance de l'homme sur la terre. Ici notre tâche se trouve terminée avec les dernières limites de la Paléontologie. » (dans la marge, des petits calculs, ce qu'a versé Masson, l'éditeur de la *Paléontologie* et ce qu'il lui doit.)

Le monde des collectionneurs éclairés a connaissance de l'ampleur du travail du professeur, chacun veut participer à l'élaboration du grand œuvre de l'Histoire du globe.

Pont Levoy, 9 décembre 1854,

« Monsieur,

Je vous envoie la liste des mammifères rongeurs, reptiles, poissons, dinothérium...des dépôts de faluns que je possède. Mr Lartet vous remettra un oursin appartenant à l'abbé Delaunay, l'un de vos amis, c'est probablement une espèce nouvelle appartenant à l'étage sénonien et provenant d'Authon dans le Loir-et-Cher.

Je crois posséder la collection la plus complète des Faluns de Touraine.

Monsieur ***Bourgeois...***[12] »

Le roi du Portugal, Dom Pedro V (1837-1861), amateur éclairé des Sciences de la nature, vint en visite officielle à Paris, en 1855. Alcide d'Orbigny fut sollicité pour lui offrir des fossiles. Le paléontologue, enfin reconnu, sélectionna des échantillons, dans sa collection personnelle, soit 1722 spécimens correspondants à 129 genres et 586 espèces représentant les pièces caractéristiques des différents étages géologiques. Belle représentation concrète de son œuvre, illustration magnifique du *Prodrome*, accompagnée de leur

11. Biblio. cent. MNHN, Ms 2094.
12. Biblio. cent. MNHN, Ms 2533, feuillet 123.

catalogue raisonné paléontologique et zoologique[13]. Aux titres déjà accordés par la Bolivie, l'Autriche, la Russie, il peut ajouter celui de *Commandeur de l'Ordre du Christ du Portugal.* Satisfaction officielle qui n'a pas réjoui les professeurs du Muséum et qui ne lui a pas ouvert les portes de l'immortalité – l'Académie des Sciences !

Les *Réunions extraordinaires* de la Société de 1855, du 2 au 10 septembre concernèrent le Bassin Parisien et furent menées par Charles-Henri avec des excursions à Meudon, Romainville, Montreuil, Charonne... Charles-Henri avait distribué un grand tableau colorié des principales couches de terrains et de nombreuses indications. L'assemblée s'en félicita.

C'est en Haute-Marne, que se déroulèrent les réunions de 1856, du 7 au 14 septembre, l'ancien bâtonnier Joseph Gaudry a demandé à y assister comme membre extraordinaire accompagnant son fils, Albert, qui est secrétaire de la société. Joseph Gaudry, né en Haute-Marne n' était pas étranger à l'étude des sciences naturelles, outre deux herbiers, il laissa une collection de 4 000 roches classées selon *la méthode de M. Hauÿ.*

En novembre, Charles-Henri présente à la société de nombreux membres étrangers : M. Garcia Moreno de Guayaquil en Equateur, M. Thomas R. Pynchon de Hartford aux Etats-Unis, et M. Vicente Rostrepo de Medellin en Colombie que l'on nomme encore la Nouvelle-Grenade, c'est-à-dire la vitalité, l'ouverture de la société, une bonne *mondialisation.*

13. Antunes, le roi Dom Pedro V, Alcide d'Orbigny et la Paléontologie – un exemple de rapports scientifiques entre la France et la Portugal. INHIGEO, Congrés de 2001, Lisbonne et Aveiro.

XIII - Les Années grises

Alcide est souvent entre Paris et Pierrefitte, auprès de Marie que l'on sait fragile, des quatre enfants et de sa belle-famille. La grande maison permet de ranger les fossiles, et même de l'envahir.

Le Ms 2094 renferme le manuscrit du cours du 28 mars 1856, la feuille est surchargée de ratures, elle annonce qu'après deux années de cours de paléontologie, les étudiants sont conviés à un cours de *géographie ancienne* mais ce cours de mars sera le dernier. *Géographie ancienne*, c'est dire que le savant proposait une histoire des faits géologiques à la lumière de ceux qui existaient encore, *l'actualisme* qu'on ne lui reconnaît qu'aujourd'hui.

Les dernières lignes du cours : « *on voit à l'Est, se succéder régulièrement, par des exhaussements successifs, tous les étages, triasiques, jurassiques ; tous les étages crétacés. C'est un lambeau resté intact, de tous les rivages successifs pendant les trois grandes périodes triasiques, jurassiques, crétacées, et* ***l'un des plus beaux faits que la paléontologie puisse nous donner*** ». Dernier envol lyrique sur cette carte géologique aux cernes violets, bleus et verts que connaît, aux murs de sa classe, tout élève de quatrième.

Les souffrances cardiaques, la récurrence du paludisme, l'incompréhension, l'hostilité de certains de ses pairs[1]... Alcide d'Orbigny reste souvent enfermé au milieu des milliers de fossiles qui sont aussi ses enfants.

Comme est loin le temps de l'épopée bolivienne où il était accueilli, fêté, un temps de chants, de danses, qui masque dans le souvenir les épreuves qui furent terribles et dont il subit toujours les conséquences.

Il avait écrit dans le premier tome du *Voyage* : « *J'avoue que plus d'une fois, j'ai oublié le monde entier au milieu des douces rêveries amenées par ce spectacle même ; et je me plais*

---

1. On soupçonne, aujourd'hui la maladie de Chagas, provoquée par un micro organisme du genre trypanosome qui entraîne une hypertrophie du muscle cardiaque et la mort.

encore aujourd'hui à retrouver dans mon imagination jusqu'aux moindres traits qui peuvent m'en rappeler le souvenir[2] ».

Il assiste encore à la réunion de la Société de Géologie le 1er mai 1856, mais c'est la dernière fois, la douleur, les fatigues le dominent.

A La Rochelle, Charles-Marie, soigné par Estelle, avait donné toutes ses collections, dès 1848, en réservant quelques-unes pour le lycée dans *« ce souci d'éveiller les jeunes esprits à l'observation de la nature »*. Il souffre de rhumatismes de plus en plus invalidants et s'éteint ce 20 octobre 1856.

Une foule nombreuse de Rochelais et de scientifiques assiste aux obsèques. *L'écho rochelais* publia le long discours d'hommage prononcé par le médecin militaire, Sauvé, un des fondateurs de la société des Sciences Naturelles de la Rochelle et alors son président.

« Né en I770, un navire fut son berceau... Poète, musicien, agronome, docteur, naturaliste, il était lui-même une encyclopédie... Adieu collègue regretté : Ta vie laborieuse, quelque longue qu'elle ait été, quelque bien remplie que tu l'aies faite, n'a pu te donner les jouissances de l'opulence ; mais tu as connu plus que personne celles beaucoup plus douces que donne l'étude et le bien que l'on fait aux hommes[3] ».

Il semble bien, que de retour de La Rochelle, Alcide n'ait plus quitté Pierrefitte où il succombe le 30 juin 1857, après avoir reçu les Sacrements de l'Eglise. L'acte de décès est signé de MM. Jules Gaudry et Ernest Labbé, ses beaux-frères.

Le faire-part rappelle que M. d'Orbigny, professeur administrateur du Muséum d'Histoire Naturelle était Chevalier de l'Ordre impérial de la Légion d'Honneur, Commandeur de l'ordre du Christ du Portugal, Officier de la Légion d'Honneur Bolivienne, Chevalier de l'ordre de Saint-Wladimir de Russie, de l'ordre de la Couronne de fer d'Autriche.

On se réunit à la maison mortuaire rue Gloriette avant la messe qui a lieu à 11 heures. En bas de la feuille, un détail

---

2. *Voyage*, tome I, p. 194.
3. *Annales de la Société des Sciences naturelles de la Charente-Inférieure.*

pratique, la Voiture publique pour Pierrefitte part à 9 heures du matin faubourg Saint-Denis, 47.
Les obsèques, le 2 juillet, attirèrent de nombreuses notabilités. M. Damour, alors président de la Société de Géologie prononça un long discours évoquant, après les premiers travaux, *Le voyage en Amérique méridionale*, et les nombreuses publications.

« M. Alcide d'Orbigny a inséré en outre un grand nombre d'articles dans le Dictionnaire universel des Sciences Naturelles, en collaboration avec son frère, M. Charles d'Orbigny, membre de la Société Géologique et auteur de Mémoires scientifiques très estimés.

L'importance qu'avait acquise, dans ces dernières années, l'étude des corps organisés fossiles ayant justifié la création d'une nouvelle chaire au Muséum d'Histoire Naturelle, M. Alcide d'Orbigny fut désigné en 1853, par le ministre de l'instruction publique, pour professer une science qu'il avait si bien contribué à développer et à laquelle il avait consacré tant de veilles et de persévérants travaux.

Au sein d'une famille où les vertus domestiques aussi bien que l'étude, le talent et la science sont de tradition et de pratiques constantes; entouré de soins et d'affection, M. d'Orbigny évitait plutôt qu'il ne recherchait la fréquentation du monde. Constamment livré à l'étude, au milieu de ses riches collections, il ne quittait guère le travail du cabinet qu'autant qu'un point de science à éclaircir l'entraînait vers une excursion géologique.

Présenté à diverses reprises aux suffrages de l'Académie des Sciences, décoré de la Légion d'Honneur et de plusieurs ordres étrangers, membre de la Société philomatique, de la Société de Géologie qui plusieurs fois l'a élu pour son président, membre d'un grand nombre de Sociétés Savantes qui tenaient à honneur de le compter dans leur sein, M. Alcide d'Orbigny, à raison de sa juste renommée dans le monde savant, pouvait espérer d'occuper un jour une place à l'Institut. Cette satisfaction qu'il considérait comme le couronnement de sa laborieuse et pénible carrière lui eût sans doute été donnée : la mort ne l'a pas permis. Epuisé par le travail, une grave maladie détruisit en lui les sources de la vie, et malgré tous les soins que sa famille lui prodiguait, il a succombé, à peine âgé de 55 ans, avec toute la résignation d'un Chrétien, ne laissant à sa veuve, à ses jeunes enfants, d'autre fortune que sa renommée de savant illustre et d'homme de bien ».

Isidore Geoffroy Saint-Hilaire, représentant l'Académie des Sciences improvisa un discours soulignant encore les immenses travaux de celui qui avait aussi été son ami. Voyage exemplaire en Amérique australe, excursions dans toutes les carrières de France, correspondances multiples, travaux innombrables d'observations, de dessins, de rédactions, comment embrasser tout cela en une heure ou même en deux cents pages, gageure impossible qui demande indulgence.

La collection de plus de 100 000 fossiles fut vendue au Muséum (voir chapitre suivant), ses notes servirent aux chercheurs pour une édition qui se poursuivit une vingtaine d'années . *La Paléontologie française,* commencée en 1840 fut reprise en 1861 par un comité spécial dirigé par M. Gustave Cotteau. pour les terrains crétacés, il fut secondé par Piette, Deslongchamps et Fromental pour les terrains jurassiques. La collection qui avait atteint 7 volumes en 1857 comprit finalement 40 volumes, le dernier publié en 1894, avec un atlas. le tout utilisant matériaux et notes du premier titulaire de la chaire de Paléontologie.

La vente de la bibliothèque de Feu M. d'Orbigny, eut lieu le 6 janvier 1858, à midi, au Jardin des Plantes, sous le ministère de M^e^. Sibire, commissaire-priseur à Paris. Le catalogue édité par Baillère annonce 540 livres[4], leur diversité scientifique et littéraire montre, s'il en était besoin la vaste culture du savant, rien ne lui était étranger de la poésie chinoise à Shakespeare et des parutions les plus récentes du géologue allemand von Buch et pour Darwin, les publications de 1851 et 1854.

Considérer le savant comme enfermé, confiné avec ses fossiles serait une grossière erreur. On est poète et humaniste jusqu'à la fin de sa vie. La vente de cette précieuse bibliothèque

4. Catalogue qui inclut notamment : des manuscrits de langues indiennes, l'ouvrage de Bartolomé de Las Casas, de nombreux dictionnaires, les ouvrages de Cuvier, Buffon, Linné, Lamarck... les fables de Florian et de la Fontaine illustrées par Granville, *Ivanhoe, Le miroir précieux qui éclaire le cœur, Petit traité de morale de Ming Sin P'ao Kien.*

souligne la nécessité dans laquelle se trouvait Madame Veuve d'Orbigny[5].

Comme si la paléontologie sentait le soufre, ou le mépris pour l'inutile, l'aberrant, la chaire resta vide. Ce n'est qu'en 1861, après l'avoir plusieurs fois sollicité, que le vicomte d'Archiac fut nommé. Il commença son cours en rappelant les savants qui avaient, peu à peu, reconnu l'importance des fossiles. Il cita Buffon, Cuvier, Omalius d'Halloy mais non d'Orbigny. Prudence, ingratitude, fatuité ? Citant les étages géologiques, même affront posthume. Il réussit à évoquer la paléontologie de l'Amérique méridionale en taisant celui qui, après Humboldt et Bonpland, lui avait donné ses lettres de noblesse.

Avec le génie qui lui permit de comprendre très tôt les ressorts de l'âme humaine, Victor Hugo écrivait, en 1822, alors qu'il n'a que 21 ans, dans un article sur *Les Méditations poétiques* de Lamartine : *« Il y a au fond de presque tous les hommes je ne sais quel sentiment d'envie qui veille incessamment sur leur cœur pour y comprimer l'expression de la louange méritée, ou y enchaîner l'élan du juste enthousiasme. L'homme le plus vulgaire n'accordera à l'ouvrage le plus supérieur qu'un éloge assez restreint, pour qu'on ne puisse le croire incapable d'en faire autant : il pensera presque que louer un autre, c'est prescrire son propre droit à la louange, et ne consentira au génie de tel auteur qu'autant qu'il ne paraîtra pas abdiquer le sien ».* Je n'accuse pas spécialement M. d'Archiac ou les contemporains mais le texte de Victor Hugo donne à réfléchir. Le livre de Darwin : *l'origine des espèces*, paru en 1859, venait d'être traduit, d'Archiac le critiqua le trouvant faible et peu compréhensible. Il faut dire que le mot clé *« sélection »* avait été traduit par *« élection »*. S'obstinant dans le même silence sur l'œuvre de son prédécesseur, d'Archiac assura ses cours jusqu'en 1868 semblant avoir accepté, vers 1866, les théories de Darwin. Le 24 décembre 1868, il envoya sa démission au ministre de l'Education Publique, Victor Duruy et quitta sa maison, fort dépressif. On retrouva son corps dans la Seine au barrage de Meulan en mai 1869.

---

5. **Orbigny Marie d'**, née Gaudry, décéda à Paris en 1903. Elle est inhumée au père Lachaise dans le caveau Gaudry.

La chaire de paléontologie resta vide à nouveau, comme liée à un mauvais sort. Albert Gaudry l'assura alors. Les idées d'évolution faisaient leur chemin et M. Gaudry n'y était pas rebelle mais on préférait l'enfermer dans les théories *fixistes* mal comprises, en leur temps, de son beau-frère Alcide d'Orbigny. Pourtant dans une lettre du 21 janvier 1868, Darwin lui écrivait :

« *Je suis enchanté d'apprendre que vous avez l'intention d'examiner les relations des animaux fossiles au point de vue de leur généalogie : cela vous procurera un beau champ de travail pour mettre à l'épreuve vos connaissances étendues et votre puissance de raisonnement. Je suppose que vos croyances vous diminueront, quant à présent, dans l'opinion de vos compatriotes; mais à en juger par la rapidité avec laquelle la croyance en la descendance commune des espèces alliées s'étend dans toutes les parties de l'Europe, à l'exception de la France; je crois que cette foi deviendra générale d'ici peu. Comme il est étrange que le pays qui a donné naissance à Buffon, à l'aîné des Geoffroy, et particulièrement à Lamarck, s'accroche maintenant avec autant d'obstination à la croyance que les espèces sont des créations immuables* [6] ».

Dans cette même thèse, M. Durand citait encore une lettre de Darwin au marquis de Saporta, du 24 novembre 1868 : « *Tous les hommes qui font autorité à l'Institut semblent fermement décidés à croire à l'immutabilité des espèces et cela m'a toujours étonné... M. Gaudry autant que je puis savoir, constitue, pour ainsi dire, la seule exception, et je crois qu'il sera bientôt un des principaux chefs en matière de paléontologie en Europe* ». Albert Gaudry tint la chaire jusqu'en 1902.

Dans le *livre jubilaire de la Société de Géologie*, en 1930, Emmanuel de Margerie rend hommage à celui qui en fut membre cinquante ans, apportant un grand nombre de notes et échantillons, en particulier sur les Amphibiens et les Reptiles du bassin d'Autun. On rappelle aussi *« ses instructives considérations, inspirées par son voyage en Amérique du nord, sur les similitudes de la marche de l'Evolution dans l'Ancien et le Nouveau Continent »*. On évoque aussi l'élégance de sa plume comme de sa tenue.

---

6. Cité dans la thèse de Jean Albert Durand sur *Albert Gaudry*. Université Paris VI. avril 1975.

Décès de Charles-Henri d'Orbigny

Charles-Henri, veuf en 1858, est sans descendance. Sa santé s'altère dans les années 1863, il ne fréquente plus la société assidûment. Il meurt, en 1876, la même année qu'Adolphe Brongniart.

A la séance du 21 février 1876, on communique les résultats des sondages faits dans les couches de la craie dans le Pas-de-Calais en vue d'un tunnel sous la Manche, travaux remis à l'association britannique de Bristol et à un promoteur : Sir John Hank Shaw. C'est à cette séance que le président, Edmond Pellat, annonce le décès de Charles-Henri, il rappelle sa grande œuvre : le *Dictionnaire d'Histoire Naturelle* si prisé : « *il s'était beaucoup occupé des terrains tertiaires des environs de Paris, et il en a donné un tableau synoptique. Tous ceux des membres de la Société Géologique qui ont suivi, il y a une vingtaine d'années, les excursions qu'il dirigeait autour de Paris, n'ont certainement pas oublié sa bienveillance et l'attrait de ses promenades scientifiques* [7] ».

A la fin de l'année, dans un bilan récapitulatif, Jeannetaz, nouveau président de la Société lui rendit hommage : « *..je ne rappellerai ni ses écrits lucides qui ont rendu si facile à beaucoup l'étude des principes de la Science ni ses découvertes dans le Bassin de paris. Non, si je pense en ce moment à Charles d'Orbigny c'est avec l'émotion de la reconnaissance...* [8] »

Henri-Joseph d'Orbigny

Le fils unique d'Alcide d'Orbigny, Henri-Joseph, fut architecte. Membre de la Société d'entomologie, il devint spécialiste d'une famille de Coléoptères, les Onthophagides[9]. La

---

7. *Bulletin de la Société Géologique F.*, tome XII, 1876.
8. *Ibid.*
9. On lui confia l'étude des collections rapportées par les expéditions scientifiques menées par Maurice de Rothchild, Guy Babault, Alluaud, Jeannel de 1904 à 1915 en Afrique orientale. Il publia, en 1913, dans les *Annales de la Société* un mémoire de plus de 700 pages analysant *les onthophagides d'Afrique*, sa notoriété, en ce domaine, était telle qu'il avait également reçu des insectes de missions allemandes, italiennes et belges. En 1932, la Société d'entomologie publia les souvenirs de l'écrivain Maurice Bedel sur ses oncles, Louis Bedel et Henri

Société lui avait accordé le privilège de garder à son domicile, 20, rue de l'Odéon, les collections pour en faire l'étude. Comment ne pas comparer, dans une même esprit de systématique et de conscience extrême, ce travail avec celui accompli sur les fossiles que son père recevait également des diverses parties du monde.

Henri avait épousé Marie-Thérèse Bedel, fille d'un conseiller à la cour qui partageait aussi sa passion pour les insectes, plus précisément, les lépidoptères (les papillons). Madame Marie-Thérèse d'Orbigny reçut, en 1917, deux années après le décès de son époux, le micro-paléontologue anglais Heron-Allen, ses souvenirs et les documents qu'elle lui montra sont une source indirecte, de qualité, sur la vie des d'Orbigny. En 1922, elle avait donné à la Société d'entomologie tous les livres de son mari ou de son frère, Louis Bedel, qui n'existaient pas dans la bibliothèque de la société. On peut penser que c'est elle qui donna au museum, en 1923, près de mille feuillets classés par thèmes, de dessins originaux d'Alcide d'Orbigny[10].

Charles-Marie Dessalines d'Orbigny, Alcide, Charles-Henri, Henri, quatre destins ennoblis par l'appétit du Savoir et la volonté de le faire connaître à tous. Sur les crêtes du XIXe siècle, leur regard embrassa le monde.

---

d'Orbigny, ce dernier mourut, sans enfants, en 1915. La Société lui rendit hommage et pour ses travaux et pour sa générosité.

10. J'en ai analysé quelques-uns pour le symposium de Quito, en juillet 1997 : **le legs Bedel d'Orbigny**, recherche présentée ensuite au Comité français d'histoire de la Géologie en novembre 1997.

XIV – La postérité

La collection de 100 808 fossiles a été vendue par Madame veuve d'Orbigny le 13 juin 1858, son entrée au Muséum figure dans le catalogue aux numéros 35 et 36 pour 55 000F. Inventoriée par l'aide naturaliste, Hupé, de décembre 1858 à novembre 1860, la collection comprenait, en outre, 5 800 fossiles en double qui avaient servi de matériel d'étude[1].

- Albert Gaudry, docteur ès sciences, attaché au Muséum et beau-frère d'Alcide publia, en 1859, un très long article dans la *Revue des Deux Mondes*.

En préambule, il explique comment le parcours sur des terres lointaines avait rendu le voyageur très exigeant et lui avait donné une acuité de vision mal comprise : « *..nous remontons au-delà des temps où l'homme fut créé. Nous ne connaissons plus seulement les êtres qui furent nos contemporains, nous trouvons dans les couches du globe les dépouilles d'un nombre illimité de plantes et d'animaux ; une branche spéciale de la géologie a pour objet l'étude des débris fossiles, c'est la paléontologie.* ***Le naturaliste dont nous allons raconter les travaux a concilié l'étude de ces deux sciences.*** *...habitué sur un sol vierge à des découvertes journalières, il ne vit plus assez de nouveauté parmi les animaux et les plantes ; la paléontologie seule put lui offrir des compensations* ».

Albert Gaudry relate les étapes et péripéties du voyage insistant sur la similitude de la superposition des terrains du paléozoïque en Amérique méridionale comme en Europe, rappelant les études très précises sur les tribus indiennes. Il énumère ensuite les immenses travaux faits, au retour, en paléontologie française et aussi le projet encore plus vaste, «*forcé de renoncer à décrire tous les mollusques et tous les rayonnés fossiles connus dans le monde, d'Orbigny voulut du moins en former le catalogue systématique. Ce*

---

1. Voir la communication d'Henri Gauthier *La Collection d'Alcide d'Orbigny* et *la paléontologie française*, au *3ème Symposium International* tenu à l'université Claude Bernard de Lyon en juillet 1990 et l'article d'Agnès Rage pour le *Catalogue de l'exposition parisienne de 2002.*

catalogue, publié sous le nom de ***Prodrome de paléontologie****, occupe trois volumes... »*

Gaudry n'élude pas les reproches qui étaient faits au paléontologue: « *on a prétendu, il est vrai, qu'il multipliait trop les espèces lorsque des coquilles semblables se trouvaient dans des terrains différents* ». Deux années ont passé depuis la mort du savant, certaines mises au point sont en cours qui ne peuvent remettre en cause le cadre essentiel qu'il a mis en place. Plus loin, Gaudry écrit : « *Faut-il partager l'écorce du globe en seize, vingt ou vingt six étages ? Ces questions ne sont pas encore définitivement résolues* ».

D'Orbigny avait vu avec justesse dans ce qu'il appelait *la marche vers l'animalisation,* qu'à chaque époque les animaux montraient un appareil perfectionné et que tous les types de respiration avaient simultanément existé dès le paléozoïque. Cette observation pertinente lui faisait refuser la théorie transformiste héritée de Lamarck. Qu'en eût-il été des *adaptations* présentées plus tard par Darwin et qui furent longtemps rejettes par la communauté scientifique française.

Albert Gaudry souhaite l'édification dans le nouveau Muséum d'Histoire Naturelle de galeries de paléontologie qui présenteront successivement les différentes formes de vie animale et végétale qui sont apparues avant l'apparition de l'Homme. C'est ce qui fut effectivement réalisé, en 1898 avec la nouvelle galerie de paléontologie et une salle spéciale pour les 100 000 fossiles de la collection d'Orbigny. L'agrandissement du laboratoire, en 1961 a vu la dispersion de certains spécimens pour les besoins de l'étude. La *salle d'Orbigny* est en cours de travaux pour une meilleure présentation.

- En 1864, à Semur-en-Auxois, on lit dans le *Bulletin de la société des sciences historiques et naturelles : « Avant les travaux de M. d'Orbigny, la paléontologie était peu connue des géologues. Doué d'une activité et d'une hardiesse peu communes, il entreprit ce formidable travail que la mort a interrompu et qui nécessita de nombreux voyages à travers la France ».*

Le système de M. d'Orbigny a été considéré depuis, et à juste titre, comme trop absolu. Il localisait de manière exclusive les fossiles par étage, comme si la faune marine s'était renouvelée chaque fois. Il faut reconnaître que les terrains de l'arrondissement de Semur, où les étages jurassiques sont si nettement tranchés, semblaient fournir une preuve en faveur de ce système. Un examen plus attentif a fait reconnaître plus tard que, là aussi, les principes posés par le futur professeur de paléontologie au Muséum souffrent quelques exceptions.

Néanmoins, c'est à l'impulsion donnée par les travaux paléontologiques d'Alcide d'Orbigny que la géologie doit une grande partie des progrès rapides qu'elle a faits depuis en France et même à l'étranger. Avant lui l'étude des roches était, par le plus grand nombre, considérée comme seule importante, quoiqu'elle fût en réalité complètement insuffisante. **(une reconnaissance qui est plus précoce que celle de la société de géologie, en 1878)**

- Hommage de la Société géologique de France le 25 avril 1878 par M. Paul Fischer :

La Société frileuse a attendu plus de vingt ans pour rendre hommage à celui qui fut un de ses membres des plus actifs et même président en 1843.

« Messieurs,

Plus de vingt ans se sont écoulés depuis la mort d 'Alcide d'Orbigny. Les luttes ardentes soulevées par l'apparition de ses doctrines se sont éteintes ; les idées justes, pratiques, qu'il a produites, ont été acceptées ; en un mot, le jugement impartial de la postérité commence pour ses œuvres ».

Le professeur Fischer évoque ensuite l'enfance sur le littoral en compagnie de son père et le travail sur les foraminifères. ***« les grands travaux exerçaient sur lui une véritable séduction. »*** et encore ***« rien n'était plus agréable pour lui que l'envoi de sables de fond ».*** Fischer rappelle l'importance de la connaissance des langues indiennes qu'apporta M. d'Orbigny par ses voyages en Amérique et la grande œuvre de ***paléontologie***. Il indique ensuite que la théorie catastrophiste chère à Cuvier et à d'Orbigny n'est plus de mise, Darwin a donné une autre vision à la succession des fossiles, Fischer cite Geoffroy Saint-Hilaire *« vivre, c'est en même temps changer et demeurer sans cesse ».* Le professeur n'hésite pas à dire l'hostilité des savants, leur opposition, leur incompréhension devant l'importance des foraminifères, des bryozoaires ou de la datation relative des couches géologiques. ***« zoologistes et géologues s'entendaient à merveille pour déclarer que la paléontologie n'était pas une science, mais uniquement la zoologie ou la botanique des êtres fossiles ».***

En résumant en quelques mots, nous dirons : qu'il a dû sa supériorité comme paléontologiste et géologue aux connaissances qu'il avait acquises par ses voyages et par la pratique de la Zoologie. Ses doctrines sur la chronologie des êtres fossiles, en dépit de leur exagération; ses immenses travaux paléontologiques, malgré quelques erreurs inséparables de toute œuvre étendue, ont renouvelé la science dans notre pays et assuré à notre compatriote une place méritée parmi les grands géologues de ce siècle[2].

- Une rue Alcide d'Orbigny à Pierrefitte, en 1899 :

Sur proposition de M. Delahaye au Conseil municipal, le sentier rural dit Sentier de Taillefer devient rue Alcide d'Orbigny. M. Delhaye pensait que cette rue était promise au rôle de grande artère avec le développement des communications. La construction d'une déviation de la Nationale 1, en 1933, la diminua de moitié et lui ôta de l'importance[3].

- Publication en 1905 dans la série ***Les Contemporains : Les d'Orbigny Naturalistes***, Maison de la Bonne Presse, 5, rue Bayard, 16 pages.

- Article de Heron Allen, en 1917 dans la *Revue de Micro paléontologie.*

Héron-Allen eut l'opportunité de recueillir les souvenirs de Madame Marie-Thérèse Bedel, veuve d'Henri d'Orbigny. Il termine son texte en rappelant que les géologues se sont rangés aux divisions stratigraphiques de d'Orbigny, qu'il fallut même encore établir des sous-étages et que grâce à la systématique faite sur les foraminifères et à l'importance qui leur fut accordée, **géologues, biologistes aussi bien que zoologistes ne peuvent tenir qu'en très haute estime et affection le nom d'Alcide d'Orbigny**.

---

2. *Bulletin de la Société Géologique F.*, 1878.
3. Arch. de la Mairie de Pierrefitte. Une lettre de remerciements d'Henri-Joseph, fils d'Alcide.

- **Le Muséum d'Histoire naturelle de Buenos-Ayres**, joyau du parc du centenaire, est bordé par **l'Avenue d'Alcide d'Orbigny**, à l'opposé de l'avenue Curie.

- **Sur le rio Pilcomayo**, à la pointe de la **Bolivie** qui s'enfonce entre l'Argentine et le Paraguay, un petit fortin de frontière, d'Orbigny.

- Sur les murs d'une salle du **Muséum d'Histoire Naturelle de La Plata**, un superbe portrait en argent massif d'Alcide d'Orbigny.

- ***Commémoration du Voyage en Amérique du sud d'Alcide d'Orbigny*, en 1933, par les publications du Muséum National d'Histoire Naturelle :**

les étapes de la biographie étaient évoquées. M. Berlioz évoquait la riche collection ornithologique rapportée par le naturaliste, plus de 1 500 espèces décrites avec précision dans leur mœurs et leur environnement, il déplorait qu'il y ait eu dispersion dans différents muséums. En tous domaines, les professeurs du Muséum reconnurent leur dette aux travaux pionniers du savant. La contribution la plus importante est peut-être celle de Paul Rivet : « *Devinant immédiatement l'intérêt primordial des tribus de Moxos et Chiquitos, d'Orbigny reste dix huit mois dans la région, en contact avec un monde nouveau, encore à peu près vierge de toute influence européenne, au milieu de difficultés inouïes...* » (p. 17) et encore « *faisant une admirable moisson de documents ethnologiques et linguistiques que, quelques années plus tard, il eût été impossible de recueillir du fait de la disparition ou de l'assimilation de ces peuplades.* »... « *Même réduite aux faits, son* ***œuvre reste incomparable. A ce seul titre, d'Orbigny brille au premier rang de ceux qui ont étudié l'homme de l'Amérique du sud et doit être considéré comme un des fondateurs de l'américanisme scientifique*** ». (p. 26)

- **Le 14 février 1935, la Salle Silvestre, 37, rue Bonaparte, à Paris annonce la vente, après décès de la bibliothèque de Monsieur C. H.** (initiales non découvertes à ce jour)

La vente comprend des ouvrages et des manuscrits d'Alcide et Charles d'Orbigny, des manuscrits originaux du *Voyage en Amérique*, catalogues, croquis, journaux américains (7 volumes in folio reliés en chagrin rouge, un volume in folio broché, quatre forts paquets), des chants indiens, 300 journaux de Paris et de Charente inférieure, soit la collection de Charles-Marie (elle a atterri au muséum de la Rochelle où je l'ai consultée), la collection complète des ouvrages d'Alcide, les 11 volumes du *Dictionnaire d'Histoire Naturelle* de Charles-Henri, des livres de Gaudry, des *almanachs d'Amérique méridionale*, des lettres, des manuscrits. Carlos Ponce Sanguines[4] a publié, en 1975 *el colonolianismo cientifico y la desaparicion arqueologico de Bolivia,* il attaque violemment Alcide d'Orbigny d'un pillage de documents de patrimoine et d'objets archéologiques.

La *prise* ou *l'emprunt* est indiscutable, ces matériaux ont été utilisés dans la rédaction encyclopédique du *Voyage*. Problème du fronton grec du temple d'Egine ? M. Sanguines énumère de nombreux autres voyageurs ou archéologues qui ont poursuivi cet appauvrissement pour la mémoire collective. Il y eut même, en 1968, un projet personnel d'une installation de la porte du Soleil de Tihuanaco sur la place de la Concorde, près de l'obélisque de Louxor dressée en 1836. (Je crois que le grenier du muséum de la Rochelle n'a pas livré tous ses trésors, d'autres greniers également. Il suffit de chercheurs patients et disponibles.)

Etonnant : La vente comprenait aussi des renseignements sur des mines d'or, une fondation d'une société de gisements aurifères, un guide du chercheur d'or à Carabaya. Le dossier Ms 654 contient ce reçu :

« J'ai reçu de M. Charles d'Orbigny 50 actions de la Société de l'Amérique méridionale des sables et terrains aurifères en Bolivie conformément à notre acte

Paris, 11 novembre 1852

signé Alcide d'Orbigny ».

Fortune n'a pas été faite assurément. Nous n'en savons pas davantage aujourd'hui.

4. Voir note 31, p. 108. Carlos Ponce Sanguines.

- La société de Sciences Naturelles de Charente-inférieure publia un numéro spécial, en 1936, pour le centenaire de la société. Hommage est rendu à Charles-Marie Dessalines d'Orbigny, le destin de ses fils est brièvement relaté.

- Article de Maurice Lys, en 1957, dans le *Bulletin du Centre d'Etudes et Documentations Paléontologiques.*

*« ..arrivant avec des idées nouvelles dans un domaine à peine exploré, avec une logique merveilleuse il imposera sa méthode de classification systématique des **Foraminifères**, groupe des organismes microscopiques particulièrement évolués...*

si on veut bien imaginer les instruments d'optique du XIXe siècle, on comprendra tout le mérite qu'a eu d'Orbigny de discriminer, de classifier... il fut l'initiateur des corrélations en préconisant l'utilisation des foraminifères pour établir la comparaison entre deux formations compte tenu des variations de faciès. Que ne lui doit-on pas à ce titre, car l'établissement de nos modernes logs de sondage est basé sur de telles analyses et sur la microfaune, de là découlent les corrélations dans un bassin et à plus grande échelle la paléogéographie et la paléoécologie ».

- *Viajes por Bolivia* réédition de la première partie du *Voyage* d'Alcide d'Orbigny, en espagnol, en 1958 avec une longue introduction du Ministère de l'Education Nationale, Fernando Diez de Medina :

« Ce nom insigne soulève l'admiration des Français et des sud-américains. Il appartient, à vrai dore, à la Gaule immortelle et à la nouvelle Amérique dispersée en nations et en races comme les étoiles. La pluralité de sa tâche surprend le savant: géographe, ethnographe, écrivain, naturaliste, voyageur infatigable, homme de science dans toute l'acception du terme, observateur perspicace des coutumes, artiste par ses descriptions et récits. Alcide d'Orbigny porta la présence de la France à travers les océans et les continents. Il appartient à cette pléiade d'hommes vaillants qui ont peuplé tels des astres rutilants le ciel des prouesses humaines: Cartier, Bonpland, Champlain, La Condamine, Reclus, Boussingault. Croisé et poète en même temps, d'Orbigny fut l'une de ces plantes vivaces du genre humain, peut-être afin de démontrer que plus le génie est rare, plus il est complexe...

Pourquoi ce grand Français éveille-t-il notre gratitude ? Parce que d'Orbigny connut et ressentit l'Amérique en profondeur, comme ne peuvent la connaître nos touristes sans peine, aériens et frivoles. Parce qu'il fut professeur de réalités, maître de sympathie créatrice. A nous, les Boliviens, il nous a révélé ce que nous étions, ce que nous avions, vers quel horizon pouvaient se tourner nos ailes de jeune nation...

D'Orbigny ignorait ce que lui réservait le destin le lendemain. Mais il se levait chaque matin courageux, insatiable, face à l'énigme de la vie...

Le premier essai systématique sur la réalité géographique, sociale et culturelle de la Bolivie se trouve dans les œuvres de d'Orbigny ».

- Biographie par **Olivier Baulny** pour la présentation des illustrations du *Voyage*, en 1964 à la bibliothèque de **Pau.**

- *Voyage en Alcidie* en 1977 par F. Legré-Zaidline, Editions Boubée.

- Une exposition de 33 panneaux sur la vie du naturaliste fut réalisée par les élèves du collège Jean Jaurès de Pierrefitte, avec l'aide généreuse de la municipalité, cette exposition circula à Nantes, Couëron, La Rochelle, Fontainebleau, le Muséum de Paris...

- FR3 diffusa un court métrage dans la série *Traits et portraits* ,sur la vie de d'Orbigny, en octobre 1977, réalisé par Patrice Leconte.

- Madame **Le Calvez,** de l'Ecole Pratique des Hautes Etudes et du Laboratoire de Micropaléontologie, au remarquable travail déjà évoqué, terminait une communication ainsi : « *Aujourd'hui, d'Orbigny reste encore le premier et le plus fameux de tous les micropaléontologistes ; le premier à reconnaître l'importance des foraminifères et à prévoir la place qu'ils occuperaient un jour dans la géologie stratigraphique* ».

- **La réédition de la *Paléontologie Française*** par les éditions Masson commencée en 1994 sous la direction de **M. Jean-Claude Fischer, à l'initiative de Henri Tintant.** Il s'agit d'une édition critique incluant la réédition de l'original ***« une révision critique de cette œuvre, que continuent d'utiliser les spécialistes de tous les pays et dont les fondements restent d'une remarquable actualité, s'imposait en raison des exigences toujours plus rigoureuses ».*** C'est le résultat d'une collaboration de plusieurs spécialistes en particulier M.Tintant.

- Dans une Communication au Comité Français de l'Histoire de la Géologie, en mars 1982 sur *Actualisme, Anti-progressisme, Catastrophisme et Créationnisme dans l'œuvre d'Alcide d'Orbigny*, le professeur **Jean Gaudant** concluait : « *il mérite pleinement d'être considéré comme l'un des pionniers de la paléontologie. Et même si son nom semble encore ignoré par M. J. S. Rudwick (in Meaning of Fossils, 1976.), on peut affirmer, sans risque d'être contredit, qu'au moins par sa dimension stratigraphique l'œuvre monumentale d'Alcide d'Orbigny, elle excède 10 000 pages imprimées - fut de celles qui contribuèrent à donner une* ***signification aux fossiles*** ».

- Communications de Mde Legré-Zaidline sur le legs Bedel d'Orbigny et de M. Schwerin sur la correspondance de d'Orbigny pendant son voyage, seuls présents au symposium de Quito en **juillet 1997.** (M. Carlos Perez de l'Université de New York à Osuvego et Mde. Benedetti de l'Université d'Argentine avaient envoyé des communications pertinentes mais sans rapport direct avec l'itinéraire d'Alcide d'Orbigny.)

- ***Viajes por Bolivia,*** Album illustré magnifique qui retrace sous la plume de M. **Mariano Baptista Gumucio** la diversité de l'œuvre d'Alcide d'Orbigny en Bolivie. Les gravures sont extraites des originaux du naturaliste. Edition de la Fondation Quipus, 1996.

- ***Le Retour des Anges.*** Catalogue d'une superbe exposition qui se tint à Paris, à la chapelle de la Sorbonne, en 1996, avec des œuvres des musées des Beaux-Arts de Bolivie. L'union latine avait obtenu le concours des gouvernements boliviens et français. *« cet art* *baroque est le produit de deux univers. L'art religieux européen, espagnol mais aussi italien et surtout flamand »* dans un monde radicalement autre.

- **Réédition du *Voyage* en quatre volumes fin 1999 en Argentine**, reprenant l'édition de 1945. Une nouvelle édition se prépare pour mars 2002 avec une vérification de la traduction.

- Les ***Colloques du bicentenaire de la naissance d'Alcide d'Orbigny*** vont enrichir considérablement nos connaissances sur d'Orbigny et même nos connaissances tout court. Je présente de profondes excuses aux chercheurs dont j'ignore les travaux, spécialement les professeurs du continent sud-américain. Je termine cette énumération en rappelant deux noms de collègues français : **Michel Rioult et Henri Tintant** dont les recherches contribuent puissamment à cette mise à jour.

« cette formation de zoologiste, très ouvert aux observations de terrain, et cette grande expérience des milieux continentaux et marins actuels, confèrent une originalité certaine aux travaux d'Alcide d'Orbigny et accusent le contraste avec nombre de ses contemporains et de ses successeurs, en particulier avec ceux qui critiqueront son œuvre ». **Michel Rioult** : *Alcide d'Orbigny et les étages du jurassique.* (op. déjà cité)

« le langage stratigraphique, la recherche de critères de corrélation sédimentologiques, paléontologiques et structuraux, les esquisses paléogéographiques d'A. d'Orbigny destinés à mettre en place la répartition des êtres vivants, des mers et des terres pendant chaque ***étage*** *sont des apports qui restent essentiels pour la géologie ».* (**Michel Rioult** : séance du 24 mars 1982 au Comité français d'histoire de la géologie : sur deux aspects de l'œuvre d'Alcide d'Orbigny)

- **Extrait de l'article d'Henri Tintant sur *Alcide d'Orbigny ou la progression des faunes.*** Université de Dijon 1999 :

« Darwin, avec son gradualisme, explique certainement de nombreuses phases de l'évolution et notamment l'adaptation, objet essentiel de sa recherche. Mais d'Orbigny, pour sa part, a bien vu le caractère discontinu de certaines phases de l'histoire de la vie, et notamment des innovations qui marquent l'origine des grands

groupes. Il a parfaitement mis en évidence la caractère contingent des progressions de la vie au cours de son histoire, les possibilités de stagnation ou de régression de beaucoup de lignées. Une théorie acceptable de l'évolution doit tenir compte de tous les faits, et, pour rendre compte de la complexité des vivants, elle ne saurait reposer sur un seul mécanisme ; elle nécessité l'apport de chacun des anciens comme des modernes, en vue d'une synthèse toujours provisoire et encore inachevée ».

Comme pour conclure :

« L'œuvre scientifique d'Alcide d'Orbigny frappe par son étendue et sa diversité. Parti comme naturaliste, d'Orbigny a progressivement étendu ses investigations à la géographie, à l'histoire, à l'ethnographie, à la linguistique, à l'archéologie, à l'économie, à la statistique... »[5]

- Ajoutons la première échelle des temps géologiques, à ses titres de gloire.

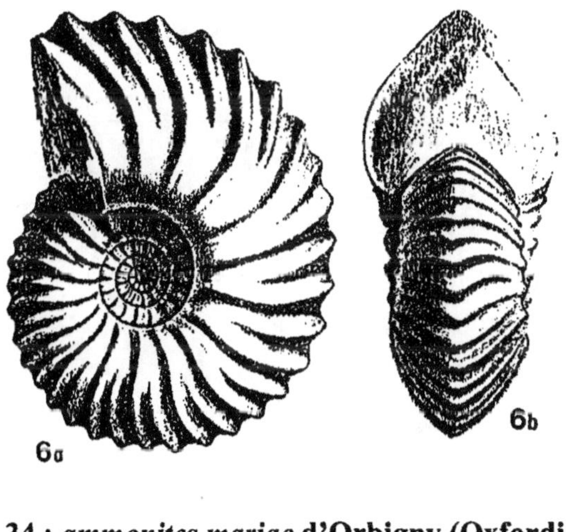

Fig. 34 : *ammonites mariae* d'Orbigny (Oxfordien)
In. *Pal. française, Terrains jurassiques.*

5. Extrait de l'article sur A. d'Orbigny de Pascal Riviale dans le *Dictionnaire des explorateurs et grands voyageurs français au XIXe siècle en Amérique.* Par Numa Broc, Publication du C.T.H.S. 1999.

Annexe I : Chant guarani.

Exemple d'un chant guarani recueilli par Alcide d'Orbigny

Curai hocharaicha	Il me semble
Mombiri naudehegui	que je suis
Uperami abey che	aussi éloigné de toi
Mombiri ou de agui	que le soleil l'est de nous.
Gumbiaiju a mocantro	La tourterelle pleure,
Picasumi ochaeo	quand elle perd son compère
Upera mi abey che	c'est ainsi que je pleure
Nodeschi anapiro	ta perte.
Nderenhapu aba hagua	Pour aller te voir,
Che auga che recobe	mon âme et ma vie,
Toy porucacha ypepo	je prie l'amour
Mberaijupe ajurere	de me prêter ses ailes.
Tesai ndarecobeyma	Je n'ai plus de larmes
Anoebo nderôche	à force de pleurer pour toi,
Ara obahere hue	le jour viendra
Cherecobe ameene	qui me redonnera la vie.

D'Orbigny rapporta vingt chants, l'influence espagnole des mélodies qu'il notait ne lui échappait pas. Le manuscrit est à la Bibliothèque centrale du Muséum. (Ms 2094)

Annexe II : Généalogie des d'Orbigny.

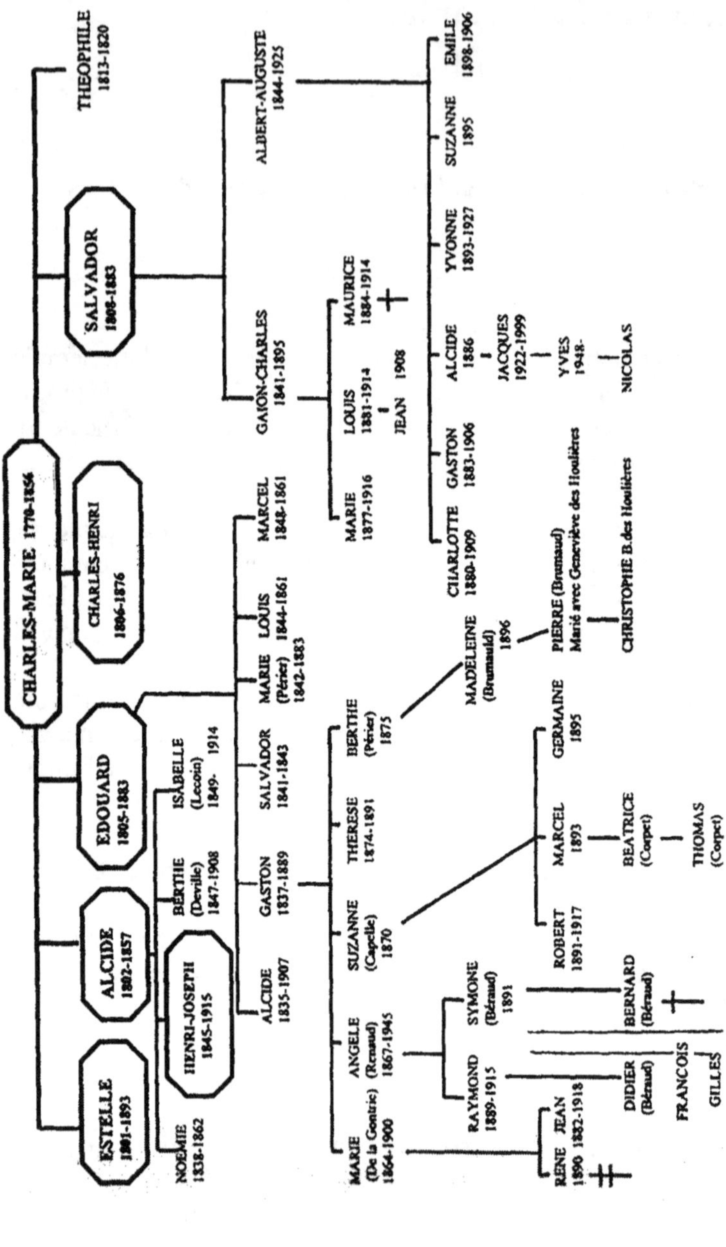

Annexe III : Itinéraire approximatif d'Alcide d'Orbigny en Bolivie. (1830-1833)

(Conception D. Dory, Réalisation P. Brunello)

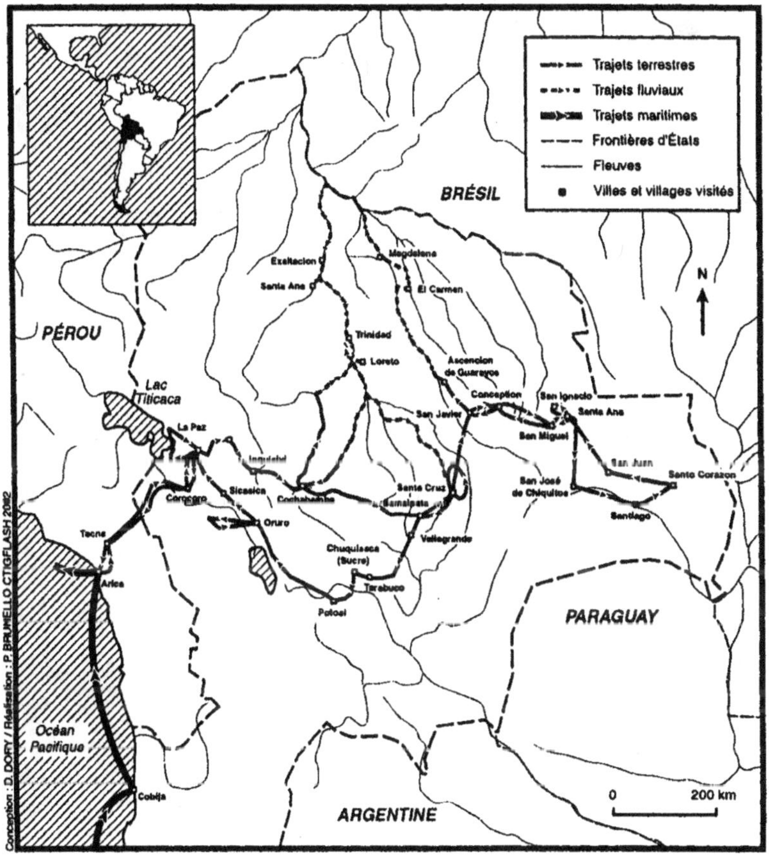

Epilogue

Une reconnaissance est en chemin. Elle a commencé avec le lycée de Bouaye, au sud de Nantes, qui a choisi le nom d'Alcide d'Orbigny en 1999[1].

Le 6 novembre 1997, fut fondée **l'Association Alcide d'Orbigny**, à la Rochelle, sous la présidence d'honneur de M. **Philippe Taquet**, avec le Muséum de Paris, le muséum et la ville de La Rochelle pour préparer le bicentenaire de la naissance du savant. Ce bicentenaire a été déclaré **Célébration Nationale.** M. Taquet et de nombreux responsables à La Rochelle et en Bolivie ont mis en place cette commémoration[2].

Des savants étrangers, dont un Britannique, Paul Taylor et un Néo-zélandais, Dennis Gordon poursuivant les travaux de d'Orbigny sont allés se recueillir, à Pierrefitte, sur la modeste tombe du savant en mars 200I. Ils ont ramassé soigneusement un fragment de calcaire s'effritant de la tombe. Confié à Madame Veynec-Peyré, celle-ci y a trouvé, sous le microscope, **un Foraminifère.**

---

1. Neuf lycéens sont partis le 12 juillet 2000, en Bolivie à la rencontre des élèves du lycée Alcide D'orbigny de la Paz, ils ont aussi voyagé jusqu'au 4 août, utilisant les moyens de transport locaux. Le compte-rendu de leur équipée a été relatée dans les pages de *Ouest-France*, édition Nantes. Ils ont aussi réalisé une exposition de quinze panneaux qui circule dans l'académie. Une vingtaine d'élèves prépare leur voyage pour juillet 2002 en liaison avec l'ONG qui donne aux Indiens des Hauts plateaux le matériel pour fabriquer des fourneaux solaires. A Nantes, une rue nouvelle se nomme Alcide d'Orbigny, depuis mars 2000, elle rejoint l'Allée de l'Embellie, ce ne peut être que de bon augure. A quand une rue à Paris ?
2. **Colloques de 2002 : La Rochelle, du 18 au 20 avril, Paris,** du 2 au 7 juillet plusieurs manifestations et communications en **Bolivie**, en août (le congrès latino-américain de paléontologie du 28 au 31 août à Santa Cruz) et une clôture à Couëron en septembre avec une fresque murale vont enfin rendre justice au travail immense de M. Alcide d'Orbigny et à sa contribution à des connaissances multiples.

Postface de Son excellence Jean-Michel Marlaud, ancien ambassadeur de France en Bolivie

Le lecteur qui se penche sur une carte de Bolivie est surpris de découvrir, au sud-est du pays sur la frontière avec l'Argentine et tout près du Paraguay, un village dénommé « *d'Orbigny* » ou « *Fortin d'Orbigny* ».

Curieux de connaître ce lieu, il devra prendre la route pour Yacuiba, petit ville qui vit de trafics à l'échelle de l'Amérique du sud, puis s'enfoncer au cœur du Chaco. Paysage aride et épineux, sans une goutte d'eau, où l'on imagine les souffrances et les pertes infligées par ce climat à une armée constituée de paysans de l'Altiplano pendant la guerre du Chaco.

La piste traverse un village de huit cents âmes dénommé... Crevaux, du nom d'un autre voyageur français, Jules Crevaux, Lorrain célèbre par l'exploration de la Guyane et venu mourir ici alors qu'il cherchait un hypothétique débouché du rio Pilcomayo sur l'Atlantique, après la perte par la Bolivie de son littoral Pacifique au profit du Chili en 1879. Victime des escarmouches permanentes entre une armée bolivienne désireuse de « *pacifier* » des zones encore inexplorées et des Indiens soucieux de se protéger de l'avance des éleveurs, Jules Crevaux tomba sous les coups des indiens Tobas en 1883.

Alcide d'Orbigny, lui, n'est pas venu dans cette région et le choix de donner son nom à un village du Chaco est dénué de logique géographique.

Ce village à vrai dire ne paye pas de mine : quelques pauvres cabanes de branchages à proximité de l'immense et boueux Pilcomayo. Deux à trois mois par an, l'activité est intense car la saison de la pêche bat son plein. Alors, les Indiens semi-nomades s'y retrouvent et un marché permanent et animé permet le troc des poissons contre des objets manufacturés. Le reste de l'année, « *Fortin d'Orbigny* » est une sorte de désert des Tartares animé par un minuscule poste frontière tenu par des gendarmes argentins qui veillent scrupuleusement à contrôler les rares véhicules qui s'aventurent sur cette piste sans pouvoir évidemment surveiller les sentes qui, de tous côtés, permettent un libre passage entre les deux pays.

L'équilibre de la vie est ici bien fragile : si le niveau du fleuve monte trop ; les cahutes qui composent le village sont vite inondées et emportées par les flots. Si un accident provoque le rejet de résidus miniers à des centaines de kilomètres en amont, les poissons gorgés d'arsenic et de mercure se transforment en un poison mortel pour les consommateurs. Nul ne sait quand le village reçut le nom de d'Orbigny. Au XIXe siècle, sans doute. Mais il n'est pas le seul témoignage du souvenir du voyageur en Bolivie. Plusieurs villes lui ont consacré une rue. A La Paz, le lycée franco-bolivien, bel établissement de 800 élèves, porte son nom. A. d'Orbigny est connu de tous les universitaires : dans les années soixante, un ministre intellectuel avait pris l'initiative de faire publier son œuvre. Un coup d'état, comme la Bolivie en connaissait alors fréquemment, chassa le ministre du pouvoir et le deuxième tome ne vit jamais le jour. Beaucoup plus récemment, les principales planches et gravures ont été rééditées à l'initiative d'un diplomate et historien bolivien.

Le pays est fier de posséder trois exemplaires complets des volumes originaux publiés par d'Orbigny, aujourd'hui presque introuvables : l'un est aux Archives Nationales, l'autre à la bibliothèque du Congrès, le dernier à l'Université Nationale.

Pourquoi cette place exceptionnelle d'Alcide d'Orbigny en Bolivie ?

D'abord, parce qu'il est un cas à peu près unique dans la longue histoire des échanges scientifiques entre la France et la Bolivie.

Certes, il ne fut pas le premier voyageur français. Sous Louis XIV déjà, un marchand se faisant passer pour espagnol, Accarette, avait réussi à s'introduire clandestinement dans les colonies interdites aux étrangers et à atteindre Potosi. Il en était revenu ébloui par les richesses d'une ville qui comptait alors parmi les plus peuplées du monde, au pied d'une montagne d'argent d'où la richesse coulait à flot : on y pavait les rues d'argent pour la procession de la Fête-Dieu. Accarette avait alors adressé un mémoire au Roi-Soleil suggérant à ce dernier de monter une expédition militaire pour arracher la région à la Couronne espagnole...

Plus tard, sous Louis XVI, Joseph de Jussieu, membre de l'expédition scientifique de la Condamine, avait quitté ses compagnons à Quito pour découvrir à son tour Potosi. Il ne fut pas frappé par la richesse mais au contraire par la misère atroce des mineurs indiens amenés de force et travaillant dans des conditions inhumaines.

D'autres voyageurs, bien sûr, ont suivi d'Orbigny : Francis de Castelnau, traversant le pays du Brésil au Pérou en 1840, Wiener qui se lança à l'assaut des montagnes proches de La Paz, l'ingénieur Bresson qui se consacra au littoral... en attendant les expéditions scientifiques pluridisciplinaires du XXe siècle.

Mais Alcide d'Orbigny occupe une place à part. Les écrits de ses prédécesseurs n'étaient pas connus : la mémoire d'Accarette était restée enfoui dans les archives. Jussieu, devenu aveugle et aux facultés mentales affaiblies, avait été rapatrié en France, abandonnant en Amérique tous ses papiers dispersés et perdus. Quant à ceux qui l'ont suivi, quelle que soit leur importance, elle ne peut se comparer à celle d'A. d'Orbigny.

Celui-ci arrive en Bolivie à un moment exceptionnel : le pays vient d'accéder à l'indépendance (en 1825), tout est à construire sur des bases nouvelles, le président de la République, le maréchal de Santa-Cruz, est intéressé par le modèle français (il sera beaucoup plus tard ambassadeur de Bolivie à la Cour de Napoléon III). C'est à cette époque que la Bolivie se dote d'un système juridique inspiré du Code Napoléon, adopte un découpage administratif en départements et cantons, commence à s'intéresser à ses richesses géologiques, botaniques, zoologiques...

Alcide d'Orbigny parcourt tout le pays pendant trois ans. Aucune difficulté ne le rebute et son récit ne donne jamais le sentiment d'un quelconque danger ou de lassitude. Esprit scientifique complet, il multiplie les études dans tous les domaines, les fossiles (n'a-t-il pas commencé en France par la description des foraminifères ?), la végétation (il décrit des palmiers jusqu'alors inconnus), les animaux (ses admirables planches reproduisent aussi bien les oiseaux que les poissons, les fauves ou les insectes).

Il s'intéresse aussi aux hommes. Comme d'autres voyageurs, il décrit la société créole, non sans humour parfois (comme en témoigne le récit de son arrivée) Potosi un lendemain de carnaval, dans une ville morte après les excès des jours précédents. Il ne se limite toutefois pas à cette société urbaine : il va jusqu'aux missions jésuites, en terres Chiquitos, et fustige en termes sévères l'état d'abandon de ces régions laissées aux mains de fonctionnaires cupides et de prêtres séculiers ignares au lendemain de l'expulsion des Jésuites en 1767. Il décrit la beauté de la musique jouée et chantée pendant les offices dans des pages d'autant plus émouvantes que cette musique revoit aujourd'hui le jour après une longue période d'oubli. Il s'enfonce dans les forêts et les llanos et y vit avec des Indiens peu habitués à des contacts extérieurs. Il s'y adapte d'autant plus facilement qu'il parle guarani et découvre stupéfait qu'il peut comprendre et être compris.

Car Alcide d'Orbigny n'est pas seulement en Bolivie pour étudier, décrire, dessiner admirablement et classer. Il porte sur le monde qui l'entoure un regard curieux et empreint de sympathie.
Cette attitude est frappante lorsqu'on la compare à celle d'un Darwin, que d'Orbigny précéda de peu en Patagonie sur la route de la Bolivie, ou à celle de voyageurs plus récents.

Esprit des Lumières, il devait paraître bien suranné à des contemporains empreints de scientisme. Cet esprit éloigné de tout européo-centrisme est pourtant aujourd'hui ce qui nous le rend si proche.

Il est donc plus que temps qu'après la Bolivie, la France se souvienne d'Alcide d'Orbigny et ne se contente plus d'un portrait oublié de tous sur la façade du Muséum d'Histoire Naturelle à Paris.

Repères biographiques.

1798 Expédition des savants en Egypte avec Bonaparte.

1799 Coup d'Etat du 18 Brumaire. Le consulat est proclamé. Expédition de Humboldt et Bonpland au Venezuela et au canal du Cassiquiare entre l'Orénoque et l'Amazone jusqu'en 1804.

1800-1805 Cuvier (1769-1832), fondateur de la paléontologie, élabore ses leçons d'anatomie comparée.

1802 **Naissance d'Alcide Dessalines d'Orbigny à Couëron en Loire atlantique.**

1804 Napoléon Bonaparte devient empereur des français le 2 décembre.

1805 Victoire d'Austerlitz, défaite de Trafalgar.

1808 Invasion de l'Espagne par les troupes napoléoniennes. Goethe publie Faust

1809 Lamarck publie sa *Philosophie zoologique*.

1810 Les Provinces du Rio de la Plata se soulèvent contre la domination espagnole. Mariage de Napoléon et de Marie-Louise d'Autriche.

1811 Naissance du Roi de Rome. Le Venezuela proclame son indépendance.

1812 Bataille de la Moskova. Incendie de Moscou.

1813 Défaite de Leipzig. Le Mexique proclame son indépendance.

1814 Abdication de Napoléon et exil à l'île d'Elbe.

1815 Retour de l'île d'Elbe .Défaite de Waterloo Restauration avec Louis XVIII. Exil de Napoléon à Sainte-Hélène.

1816 Indépendance de l'Argentine. Cuvier publie *Le Règne animal*, une classification fondée sur l'anatomie comparée.

Les d'Orbigny quittent Couëron pour Esnandes.

1818 Indépendance du Chili

1819 Walter Scott publie *Ivanhoë*. Géricault peint *le Radeau de la Méduse*.

1821 Indépendance du Pérou et du Venezuela.
Charles-Marie d'Orbigny (1770-1856) devient correspondant du Muséum.

Les d'Orbigny s'installent à la Rochelle.

1822 Indépendance du Brésil et de l'Equateur.
1824 Avènement de Charles X.

1825 **Alcide d'Orbigny est nommé *aide-naturaliste* au Muséum royal en février.**
Le 7 novembre, il présente à l'Académie des Sciences un tableau de classification de 600 *Céphalopodes polythalames*, plus tard nommés *Foraminifères*.
Le 16 novembre, l'assemblée des professeurs lui propose une mission scientifique et ethnologique en Amérique du sud.
Indépendance du *Haut-Pérou* qui choisit le nom de Bolivia en l'honneur de Bolivar.

1826 **Départ de Brest, le 31 juillet pour l'Amérique.** Arrivée à Rio le 24 septembre et passage difficile au milieu des guérillas vers Buenos-Ayres et Montevideo.

de 1826 à janvier 1830 **Alcide d'Orbigny remonte le rio Parana et explore la région de *Corrientes* plus d'une année.** De retour à Buenos-Ayres, il échoue à rejoindre le Chili et va passer huit mois en Patagonie. Il passe le Cap Horn le 15 janvier 1830.

1830 **D'Orbigny rencontre à Valparaiso des personnalités péruviennes qui lui transmettent l'invitation du président de la République bolivienne, Andrès de Santa-Cruz.** En avril, il débarque à Arica, sur la côte péruvienne et rejoint La Paz, après première traversée de Cordillères. En juillet, il part vers les vallées tropicales, les *yungas*.

1830 (suite)
En France, insurrection des *Trois glorieuses* et instauration de la Monarchie de juillet avec Louis-Philippe. Fondation de la Société Géologique de France.
Indépendance de la Grèce.
Conquête de l'Algérie.

1832 Epidémie de choléra dans toute l'Europe, spécialement à Paris.
Mort de Cuvier.

Alcide d'Orbigny poursuit son exploration de la Bolivie, anciennes missions jésuites du bassin amazonien, villes de Chuquisaca (Sucre), Cochabamba, Potosi, Oruro, lac Titicaca, contacts fréquents avec le président Andrès de Santa-Cruz.

24 janvier 1834 **Retour en France** par Bordeaux. Présentation à l'Académie des Sciences de Paris de collections : 180 espèces de mammifères, 800 oiseaux, 6000 insectes, 110 reptiles, 200 poisons, 800 mollusques et coquillages, 3000 espèces végétales dont plus de soixante palmiers, trente six vocabulaires indiens...

1835 Premier tome du ***Voyage en Amérique méridionale.***
Publication du voyage d'un explorateur imaginaire dans les *Deux Amériques*.

1837 **Mariage avec Pamela Martignon**.
Première ligne de chemin de fer entre Paris et Saint-Germain-en-Laye. Avènement de la reine Victoria.

1839 Nombreuses publications dont ***l'Homme américain***. La suite du ***Voyage***. Les Foraminifères de la Craie du Bassin de Paris.

1840 ***Paléontologie française***, début d'une longue et ambitieuse étude.
Paléontologie de l'Amérique du sud.

1843 Veuf, en 1842, et père d'une petite Noémie née en 1838, **Alcide d'Orbigny se remarie avec Marie Gaudry**, fille de l'avocat Joseph Gaudry.

1845 Monographie sur les céphalopodes.
Naissance d'Henri-Joseph.

1846 Thèse sur les Bélemnites.

1847 Foraminifères du Bassin de Moscou puis du bassin de Vienne, en Autriche.
Prodrome de géologie et paléontologie stratigraphique.
Les palmiers d'Amérique.
Naissance de Berthe.

1848 Journées révolutionnaires de Février. Abdication de Louis-Philippe.
Proclamation de la deuxième République. Création d'ateliers nationaux, fermés en juin. En décembre, Louis Napoléon Bonaparte est élu président de la République.

1849 Naissance d'Isabelle

1850 **Installation à Pierrefitte-sur-Seine avec les Gaudry et les Labbé.**

1851 Première Exposition Universelle à Londres dans Crystal Palace.
2 décembre : coup d'état. Louis Napoléon Bonaparte devient l'empereur Napoléon III.

1853 **Création d'une chaire de Paléontologie au Muséum.**

1855 Exposition Universelle à Paris.

1857 **Décès à Pierrefitte-sur-Seine, le 30 juin.**

Brève bibliographie.

- Trois mémoires à La société de Sciences Naturelles en 1823 et 1825.
- Tableau Méthodique des Céphalopodes microscopiques 7 novembre 1825.

- *Voyage en Amérique méridionale* **publié de 1835 à 1847.**
- Tiré à part : *L'Homme américain* 1839.

- Galerie ornithologique des oiseaux d'Europe 1836 à 1838.
- Ornithologie de l'île de Cuba 1839.
- Monographie des Céphalopodes Cryptodibranches avec M. de Férussac 1839 à 1848.
- Mollusques de l'île de Cuba et des Antilles traduits en espagnol 1840 à 1843.

- ***Paléontologie Française***, terrains crétacés et terrains jurassiques 1840 à 1850.
- Les Ammonites du Crétacé , considérations géologiques et géologico-géographiques 1841, traduit en anglais
- Coquilles et Echinodermes fossiles de Colombie, recueillis par Boussingault 1842.
- Foraminifères du Bassin de Vienne en Autriche 1847.
- Foraminifères du bassin de Moscou 1847.

- ***Cours élémentaire de Paléontologie et de Géologie stratigraphiques* 1849à 1852.**

- ***Prodrome de Paléontologie stratigraphique universelle des animaux mollusques et rayonnés* 1849 à 1850.**

- Très nombreux mémoires et communications à la Société Géologique de France.

- La bibliographie complète établie en 2002 par Sylvie Barta-Calmus, bibliothécaire du département de Paléontologie du Muséum, comprend 30 pages.

Brève bibliographie sur Alcide d'Orbigny

- **Gaudry Albert,** *Vie et notice sur les travaux d'Alcide d'Orbigny* in *Revue des Deux mondes*, 1858.

- **Fischer Paul,** *Nécrologie d'Alcide d'Orbigny* in *Bulletin de la Société géologique de France,* 1878.

- **Heron-Allen,** *Vie et œuvre d'Alcide d'Orbigny* in *Journal of the Royal Microscopical Society,* 1917.

- **Baulny Olivier,** *L'œuvre américaine d'Alcides d'Orbigny,* in *Cahiers des Amériques latines*, 1970, p. 55-74.

- **Baulny Olivier,** *le voyage en Amérique méridionale*, exposition à la bibliothèque de Pau, 1974.

- **Legré-Zaidline Françoise,** *Voyage en Alcidie*, édition Boubée, Paris, 1977.

- **Miret Enric,** Plusieurs communications de 1981 à 1992 à l'Université de Poitiers et autres publications.

- *Les Naturalistes français en Amérique du Sud XVI-XIXe siècles,* Publication du Comité des travaux historiques et scientifiques du Congrès de Pau 1993. Nombreux textes réunis par Yves Laissus.

- **Arsène Isabelle**, *Voyage à Buénos-Ayres et à Porto-Alegre de 1830 à 1834.* Le Havre, 1835.

- *Annales de la Société des Sciences Naturelles de la Charente-Maritime*, 1999, Vol. VIII, (8), (p. 993-1008) et 2000, Vol. VIII (9) (p. 1117-1128).

- **Béraud Gilles,** *Lettres d'Amérique d'Alcide d'Orbigny* (Correspondance avec l'administration du Muséum), Edition La Rumeur des âges, La Rochelle, 2002.

Sources

- **Orbigny Alcide d'**, *Voyage en Amérique méridionale...* Pitois-Levrault, Paris, 9 t., 11 vol. 1835-1847.

- **Orbigny Alcide d'**, Quelques-unes de ses œuvres majeures (voir brève bibliographie)

- **Heron-Allen E.**, Alcide d'Orbigny, his life and his work in *Journal of Microscopical Society*, Oxford, 1917.

- **Descola Jean**, *Les Messagers de l'Indépendance.* Laffont, 1973.

- *Les Naturalistes français en Amérique du sud XIVe-XIXe siècles* C.T.H.S.1995. (textes réunis et publiés par **Yves Laissus.**)

- **Laissus Yves,** *Les Voyageurs du Jardin du Roi.* Paris, 1980.

- **Trystram florence,** *Le procès des étoiles.* Seghers, 1979.

- **Foucault Philippe,** *Le pêcheur d'orchidées.* Seghers, 1990.

- **Moquin-Tandon,** *Un naturaliste à Paris. 1834.* Editions Sciences en Situation, Chilly Mazarin, 2000.

- **Broc Numa,** *Dictionnaire des Explorateurs et des grands voyageurs français au XIXe siècle en Amérique*, CTHS, 1999.

- **Bertrand Michel, Vidal Laurent,** *A la découverte des Amériques*, Presse Universitaire du Mirail, Toulouse, 2002.

- **Isabelle Arsène,** *Voyage à Buenos-Ayres et à Porto Alegre,* Le Havre, 1835.

- ***Bulletins de la Société Géologique de France*** de 1830 à 1857.

- ***Annales de Sciences Naturelles de Charente-inférieure***, livre du centenaire 1936. numéros 8 de 1999 et 9 de mars 2000.

- **Archives Nationales** : AJ/15/630. AJ/15/750. AJ/15/1558. AJ/17/3976.

- ***Correspondance de Darwin***, Cambridge University Press, 1993.

- **Manuscrits de la Bibliothèque centrale du Muséum de Paris** Ms 1967. lettre 670. Ms 1970. lettres 307, 309, 312, 314, 315. Ms 1988.lettres 740, 741, 742, 743. Ms 2092. Ms 2093. 2095.

- ***Lettres de Bordeaux*** (1834 et 1836) Département de Phanérogamie du Muséum national.

- **Médiathèque de la Rochelle**, Ms 654.

- ***L'écho rochelais*** : 1829: n° 24 et 26 / 1830: n° 3, 5, 15, 18, 27, 49, 51 / 1831, n° 6.
  Muséum d'histoire naturelle de La Rochelle.

Index des principaux noms cités

Table des illustrations

Table des matières

Remerciements

- Bibliothèque centrale du Muséum National d'Histoire naturelle.
- Bibliothèque de la Société Géologique de France.
- Médiathèque de La Rochelle.
- Muséum d'histoire naturelle de La Rochelle.
- Bibliothèque des Archives du Ministère des Affaires étrangères.
- Archives nationales.
- Ambassade de France en Bolivie.
- Bibliothèque nationale de Sucre en Bolivie.

Son Excellence Jean-Michel Marlaud, Professeur Philippe Taquet, Professeur Mario Suarez (Santa Cruz de la Sierra, Bolivie), M. Yvon Roe d'Albert, Jean Gaudant, M. Brygoo, M. Yves Laissus, Christian Moreau, Catherine Le Joubioux, M. Jolinon, Jean et Colette Broutin, Yvette Ostria, Aline et François Rivière, Dr. Barnadas de Sucre, Agnès Rage, M. Henri Gauthier, Sylvie Barta-Calmus. M. Schwerin (l'Université d'Albuquerque, USA) M. Miret (Université de Poitiers), Véronique Mathot, Béatrice Corpet, Didier Béraud, Michel et Brigitte Villeneau, Jean-Claude Denis, Antoine Levent, Christophe Le Lasseux, Jérôme Dupont, Rose-Marie Lefils, Hélène et Frédéric Lavelle.L. A. Grigelis (Université de Vilnius, Lituanie)
✞ Pierre Labbé, ✞ André Rocheau, ✞ M. Sigal,

Crédits photographiques :
- Bibliothèque du MNHN, Fig. 5, 6, 14, 27, 29.

Avec l'aide amicale de Daniel Dory et Rémi Borredon.

www.ingramcontent.com/pod-product-compliance
Lightning Source LLC
LaVergne TN
LVHW050652051026
849532LV00002B/613